数控磨齿机床热误差鲁棒建模技术及补偿研究

魏　弦◎著

U0200845

郑州大学出版社

图书在版编目(CIP)数据

数控磨齿机床热误差鲁棒建模技术及补偿研究/魏弦著. — 郑州：
郑州大学出版社,2022.10(2024.6 重印)
ISBN 978-7-5645-9180-9

Ⅰ.①数… Ⅱ.①魏… Ⅲ.①数控机床-磨齿机-误差补偿-研究
Ⅳ.①TG61

中国版本图书馆 CIP 数据核字(2022)第 205417 号

数控磨齿机床热误差鲁棒建模技术及补偿研究

SHUKONG MOCHI JICHUANG REWUCHA LUBANG JIANMO JISHU JI BUCHANG YANJIU

策划编辑	祁小冬	封面设计	苏永生
责任编辑	李 香	版式设计	凌 青
责任校对	张 恒	责任监制	李瑞卿

出版发行	郑州大学出版社	地 址	郑州市大学路 40 号(450052)
出版人	孙保营	网 址	http://www.zzup.cn
经 销	全国新华书店	发行电话	0371-66966070
印 刷	廊坊市印艺阁数字科技有限公司		
开 本	787 mm×1 092 mm 1/16		
印 张	7.25	字 数	196千字
版 次	2022 年 10 月第 1 版	印 次	2024 年 6 月第 2 次印刷

书 号	ISBN 978-7-5645-9180-9	定 价	58.00 元

本书如有印装质量问题,请与本社联系调换。

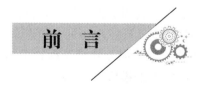

前　言

　　数控机床是现代机械制造业的基础,国防工业、航空、航天、汽车、模具和船舶等众多国民经济重要行业、高新技术产业,都需要高档数控机床作为关键生产工具。数控机床被称为装备制造业的"工业母机",其发展质量是衡量一个国家装备制造业水平的重要指标。《中国制造 2025》规划将数控机床与基础制造装备纳入"加快突破的战略必争领域",并提出,机床制造装备与高档数控机床的国内市场占有率,在 2020 年和 2025 年时分别超过 70% 和80%,基础制造装备和高档数控机床总体进入世界强国行列。

　　精密齿轮广泛应用于航天航空、舰艇船舶、高档汽车、精密减速器及发电设备中,齿轮的精度直接影响上述装备的安全性、服役寿命、载荷分布均匀性、传递运动的准确性、传动的震动以及平稳性。精密数控磨齿机是精密齿轮制造的关键装备,其精度控制性能直接决定了齿轮的精度及成形稳定性。然而,数控磨齿机在使用过程中受到热载荷、振动和冲击载荷的作用,使得其精度稳定性受损,严重影响了被加工齿轮的精度和成型稳定性。随着现代工业的不断进步,制造业对产品制造精度的要求越来越高,而加工精度是评价数控磨齿机床性能的一项重要指标,为此,改善磨齿机的制造精度意义重大。

　　研究表明,影响机床精度的主要误差包括:几何误差、切削力误差和热误差。而数控机床的整体误差中,热误差占到了 40%~70%,热误差已成为影响机床精度的主要因素之一。机床的热载荷会引起机床温度场分布不均,从而产生机床热误差。热误差是导致机床精度稳定性差的主要因素之一,精密机床的热误差最高可占制造总误差的 70% 以上。因此,通过抑制数控磨齿机床热误差,能有效提升其加工精度。

　　为了抑制热误差,提高机床的加工精度,目前常用的方法是误差防止法和误差补偿法。误差防止法是通过选用低膨胀系数的材料、强制冷却和机床结构对称设计等手段减少或消除热误差。但通过优化机床结构、提高制造及装配精度来改善机床的精度会大幅度增加机床的制造成本。统计分析表明,在使用误差防止法时,试图通过提高零件自身的加工和装配精度来改善机床精度会使机床的制造成本大量增加。因此,误差防止法在实际使用过程中经济性较差。而误差补偿法是根据测量得到或数学方法预测出原始误差,然后人为地制造出与原始误差方向相反、数值相等的补偿量,通过机床的补偿功能或外加补偿装置抵消原始误差,从而实现提高机床加工精度的目的。误差补偿法通过补偿原始误差的方式改善精度,相较于误差防止法易于实现且经济性好。同时,误差补偿法还适用于老旧机床的改造。

　　1995 年,国际生产工厂学会的"机床热误差的减少与补偿"主题报告使得热误差软件补偿成了数控机床精度改善的重要研究课题。很多通过制造加工无法实现的精度,软件补偿可以助其完成。如一台最大综合误差为±40 μm的三坐标测量机,通过误差补偿可使其综合误差降为±4 μm。软件补偿技术以其良好的经济性和补偿效果迅速推广发展。随着测量技术、数控技术和计算机技术的高速发展,软件补偿技术会有更加良好的应用前景。

数控磨齿机床作为高精度齿轮的加工设备,由于机床的结构差异、加工工况的变化,以及热误差的时滞等因素的影响,使得热控制和热补偿工作难度加大。实际加工工况下,热变形和温度变化的非线性关系难以建模,使得热误差问题到目前为止未能理想解决。因此,结合数控磨齿机床的结构和使用特点,对实际工况下的关键点布置及优化、变工况条件下进给轴鲁棒建模技术、工件主轴的无传感器热误差建模及砂轮主轴数据驱动模型有针对性的研究,能有效促进该技术在数控磨齿机上的推广应用,对热误差补偿技术的研究既有理论价值又具有应用价值。

全书共分7章,主要内容为机床热误差研究现状介绍、测点布置及建模变量特征提取方法的研究、数控磨齿机床进给系统热误差测量及建模、数控磨齿机床工件主轴的无传感器热误差分类补偿、数控磨齿机床砂轮主轴热误差数据驱动建模,并在此基础上,基于SIEMENS 840D对数控磨齿机床热误差补偿进行了实际应用。

本人于2015年进入西安理工大学学习,在高峰教授的指导下,参与了国家科技重大专项"大型、高精度数控成形磨齿机"(编号:2014ZX04001)、国家自然科学基金"基于机床伺服轴与传感器复合的大齿轮在机检测方法研究"(编号:51375382)和"新型磁流变阻尼式静压导轨及其高效精密控制策略研究"(编号:51775432)的研究,作为项目负责人主持了四川省科技支撑计划项目。

感谢恩师高峰教授的悉心指导和帮助,也要感谢在相关课题研究中给予帮助的张成新、赵柏涵、贺平平、贾伟涛、李盼盼、海俪馨、张忠奎、常昊、刘佳兰、刘甲锋、丁顺刚、吴庆、赵飞飞等同学。

在本书的撰写过程中,攀枝花学院、郑州大学出版社提供了大力支持和帮助,在此表示感谢!

由于著者水平有限和撰写时间仓促,书中难免有错误和不足之处,敬请读者批评指正。

魏 弦

2022年3月21日

目 录

绪 论

1.1 数控磨齿机床热误差补偿技术背景

随着现代工业的不断进步,制造业对产品制造精度的要求越来越高,而加工精度是评价数控磨齿机床性能的一项重要指标,为此,改善磨齿机的制造精度意义重大。影响机床精度的主要误差包括:几何误差、切削力误差和热误差。而数控机床的整体误差中,热误差占到了 $40\% \sim 70\%$[1~3],热误差已成为影响机床精度的主要因素之一。因此,数控磨齿机床的热误差控制是提升产品制造精度的关键技术。目前,常用的误差控制方法是误差防止法和误差补偿法[4~6]。误差防止法普遍应用于机床的设计阶段,但在现有机床上进行改造,该方法的成本和效果都不太理想[4]。误差补偿法以其经济有效性,受到机床生产厂商和研究人员的广泛关注[7~13]。

2009 年,国家开始了"高档数控机床与机床制造装备"国家科技重大专项的研究工作,其目的是突破一批数控机床关键技术和基础技术,提升国家的基础装备制造技术和水平,增强我国高档数控机床和机床制造装备的自主创新能力。其中,误差补偿技术就是重点研究方向之一。

本课题致力于研究数控磨齿机床热误差补偿的相关技术,从而改善其加工和检测精度。本书的主要研究内容基于国家科技重大专项项目"大型、高精度数控成形磨齿机"(项目编号:2014ZX04001),国家自然科学基金项目"基于机床伺服轴与传感器复合的大齿轮在机检测方法研究"(项目编号:51375382),国家自然科学基金项目"新型磁流变阻尼式静压导轨及其高效精密控制策略研究"(项目编号:51775432)等。

1.2 数控磨齿机床热误差补偿的意义

高精度、高效率和高稳定性是机械制造业不断追求的目标,精密和超精密加工更是制造业的一个重要发展方向。数控机床被称为"工业母机",作为工业产品制造质量的核心,对产品制造精度起到了至关重要的作用。

精密齿轮广泛应用于航天航空、舰艇船舶、高档汽车、精密减速器及发电设备中,齿轮的精度直接影响上述装备的安全性、服役寿命、载荷分布均匀性、传递运动的准确性、传动的振动以及平稳性。精密数控磨齿机是精密齿轮制造的关键装备,其精度控制性能直接决定了齿轮的精度及成形稳定性。然而,数控磨齿机在使用过程中受到热载荷、振动和冲击载荷的作用,使得其精度稳定性受损,严重影响了被加工齿轮的精度和成形稳定性。研究表明,机床的热载荷会引起机床温度场分布不均,而产生机床热误差。而热误差是导致机床精度稳定性差的主要因素之一[1, 5],精密机床的热误差最高可占制造总误差的70%以上[14]。因此,通过抑制数控磨齿机床热误差,能有效提升其加工精度。

数控蜗杆磨齿机床热误差产生的原因是部件在受到内外热源交替影响时产生热变形,各部件的热变形引起刀具和工件之间相对位置的变化。引起机床产生热误差的热源如图1-1所示,主要有室温、机床上所有的冷却系统、机床运动时电动机的发热、运动部件间的摩擦生热和切削时产生的热量。上述热源通过热传导、热辐射和热对流影响机床部件和框架的热变形,最终产生了机床热误差。

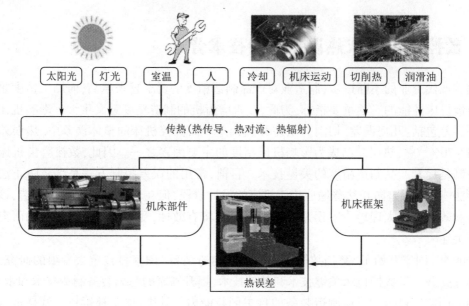

图1-1　机床热源示意

为了抑制热误差,提高机床的加工精度,目前常用的方法是误差防止法和误差补偿法[15]。误差防止法通过选用低膨胀系数的材料[16]、强制冷却[17, 18]和机床结构对称设计[19, 20]等手段减少或消除热误差。但优化机床结构、提高制造及装配精度来改善机床的精度会大幅度地增加机床的制造成本。因此,误差防止法在实际使用过程中经济性较差。而误差补偿法是根据测量得到或数学方法预测出原始误差,然后人为地制造出与原始误差方向相反、数值相等的补偿量,通过机床的补偿功能或外加补偿装置抵消原始误差,从而实现提高机床加工精度的目的[1]。误差补偿法通过补偿原始误差的方式改善精度,相较于误差防止法易于实现且经济性好[21]。同时,误差补偿法还适用于老旧机床的改造。

1995年,国际生产工厂学会的"机床热误差的减少与补偿"主题报告使得热误差软件补偿成了数控机床精度改善的重要研究课题[4]。很多通过制造加工无法实现的精度,软件补偿可以助其完成。如一台最大综合误差为±40 μm的三坐标测量机,通过误差补偿可使其综合误差降为±4 μm[6]。软件补偿技术以其良好的经济性和补偿效果迅速推广及发展。随着测量技术、数控技术和计算机技术的高速发展,软件补偿技术会有更好的应用前景。

作为高精度齿轮的加工设备,数控磨齿机床由于结构差异、加工工况的变化以及热误差的时滞等因素的影响,使得热控制和热补偿工作难度加大。实际加工工况下,热变形和温度变化的非线性关系难以建模,使得热误差问题到目前为止未能被理想解决[22]。因此,结合数控磨齿机床的结构和使用特点,对实际工况下的关键点布置及优化、变工况条件下进给轴鲁棒建模技术、工件主轴的无传感器热误差建模及砂轮主轴数据驱动模型有针对性的研究,能有效促进该技术在数控磨齿机上的推广应用,对热误差补偿技术的研究既有理论价值又具有应用价值。

1.3　机床热误差国内外研究现状

瑞士是最早发现机床热变形现象的国家之一。1933 年,瑞士学者在对一台坐标镗床的热变形进行研究后发现,热误差是影响加工精度的主要因素。20 世纪 60 年代中期以前,美国、德国、日本、苏联的研究仅限于各类机床试验阶段,并且局限于定性分析。随着宇航技术、微电子技术和机械加工日益精密化、自动化、高效化,机床热变形对加工精度的影响渐渐引起了重视。20 世纪 60 年代以后,电子计算机的应用、有限元分析技术的推广、新测试手段的出现,使研究人员可以采用有限元法和解析法分析机床的热变形,对机床进行结构优化[23]。

国内的热误差研究始于 20 世纪 50 年代,大连工学院在一台内圆磨床上进行了精度试验。在对大量零件进行测量分析后,得到热变形-时间曲线图;对机床的热误差进行抑制后,改善了机床的加工精度。20 世纪 50 年代末 60 年代初,我国的北京机床研究所、上海机床厂、昆明机床厂、沈阳机床一厂、沈阳机床二厂等都开始了热变形研究,积累了不少原始资料和试验数据。20 世纪 70 年代后期,很多高校先后开展了传热和热变形课程。1984 年,正式成立了全国机床热变形研究会,使得我国机床热变形的学术和科研活动走进了新的发展阶段。

热误差补偿技术出现于 20 世纪 70 年代后期,其通过测量关键点的温度及热变形,建立温度和热变形间的数学表达式,利用滑台的运动进行热误差补偿。这项技术在 20 世纪 80 年代初被成功应用于坐标测量机上[24]。机床热误差补偿的常规步骤是:热误差源的分析、热误差建模、热误差补偿实施和补偿效果评价。

(1)热误差源的分析。通过实践经验或热变形模态分析确定机床温度场,确定引起热误差的主要热源,为热误差建模做准备。

(2)热误差建模。通过安装在机床关键部位的温度传感器和位移传感器测量机床的温度场和变形量,或采用模态分析的方法计算机床的温度场和变形数据。根据温度和变形量之间的关系建立热误差模型。

(3)热误差补偿实施和补偿效果评价。误差的补偿过程中,热误差补偿系统根据实时温度输入或工况数据输入预测机床的热误差,并通过执行机构反方向相对运动实现补偿。此外,分析实际机床测量补偿的实施效果,可评估误差补偿方法的效果。

依据补偿步骤,对热误差研究现状分为如下几方面进行概述:温度敏感点辨识的研究现状、工况对热误差的影响研究现状、数控机床热误差控制技术研究现状、热误差试验及理论建模研究现状。

1.3.1　温度测点布置及优化研究现状

温度场不均匀是造成热误差的主要因素,其中某些点的温度变化对机床的热误差有明显的影响[25, 26],这些点被称为机床的温度测点,也称热关键点或热敏感点。在数控机床热误差建模技术中,温度测点的布置和选择是研究中一个难点。在热误差的补偿技术中,传感器的数量与成本、模型处理速度、辨识精度直接相关。一般来说,在测量机床温度场时,测点越多,机床温度场的测量会越精确。然而,温度传感器过多,会使成本大幅增加;而且采用过多的测点进行热误差建模会增加大量的数据处理工作,降低模型的处理效率;此外,从温度信号的噪声及相关性方面考虑,不当的测点数量及布置方式对测量精度反而有不利影响[27]。因此,确定温度测点的数量和位置,优化热误差模型的建模变量,成为影响热误差补偿技术成本、辨识精度及鲁棒性的关键。

在布置温度传感器时,通常有几点要求[21]:①温度传感器的布置位置应接近引起变形的主要热源;②被加热的关键部件受热均匀时,传感器应设置在固定端;③传感器间保持一定间隔,减小干扰,提升检测系统精度。

数控机床温度敏感点的选择及优化方法主要有试凑法、分组优化法、温度特征提取法等。

1.3.1.1 试凑法和热成像技术

试凑法是指基于工程经验,在容易引起机床部件热变形的关键热源附近布置大量测温传感器,再采用统计分析的方法筛选出具有代表性的温度传感器进行热误差建模。该方法最简便,但存在缺乏理论指导、移植性较差、耗时且温度传感器用量大等缺陷。

随着技术的发展,热成像仪被广泛应用于机床热关键点的布置,这种方法比试凑法寻找关键点的速度更快。图1-2为热成像仪拍摄的数控磨床主轴部分热成像图,在热成像图中可以迅速确定主要热源的位置。2016年,作者在对龙门机床及数控磨床的热误差关键点优化时采用了热成像仪快速确定关键热源[28, 29]。2013年,本课题组的张成新也采用热成像仪对加工中心的工作台温度场进行探测,从而对工作台的热误差进行建模[30]。四川大学杨佐卫等[31]利用热成像仪修正边界条件,最终得到足够精度的热特征模型。文献[32]利用热成像测量法,通过辨识热变形图像计算各进给轴的热误差。该方法改变了从温度向位移转换的常规过程,采用光学原理直接检测热误差。文献[33]也介绍了热成像仪在数控机床热误差研究中的应用。

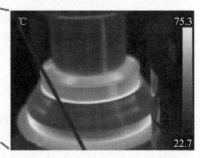

图1-2 数控磨床主轴部分热成像图

1.3.1.2 分组优化法

分组优化法是指先以温度变量间的相关性为指标对温度测点进行分类,再筛选出上述分类中与机床热误差最相关的温度测点,最后使用测点数据进行热误差建模。这种方法是

1 绪 论

目前热误差模型温度敏感点筛选的最常用方法。该方法中最常见的统计方法有模糊聚类、灰系统理论、相关分析等。

1995年，密歇根大学的 Lo 等[34, 35]为了优化温度测点，采用 Mallow 的 C_p 统计分析法，借助相关性进行分组，将温度测点分组搜索和寻优，最终将机床上布置的80余个温度测点优化为4个关键点进行热误差建模。2002年，Lee 等[36]采用关联分组和逐次线性回归分析相结合的方法，在逐次回归分析过程中，通过目标函数，不断缩小均方根残差。该方法在热误差模型的变量选择时简单有效。2004年，上海交通大学杨建国等[37]利用温度间的相关性将温度测点进行分类，再根据热误差与温度测点间的相关性选择每类中的最佳测点，最后根据回归平方和与总平方和的比值确定最终温度变量。该方法缩短了温度变量选择和建模时间，提高了建模效率。2008年，杨建国团队[38]将基于灰系统理论的灰相关模型应用于机床温度传感器的优化，温度变量由16个优化到4个，这种方法减少了变量搜寻和建模时间，且消除了温度变量间的耦合问题。文献[39]也是利用综合灰相关理论对测点进行优化。Han 等[40]使用模糊 C 均值聚类分析优化温度变量，再用稳定回归方法建模。Liu 等[41]通过相关系数法选择温度测点，再采用主成分回归建立误差模型，很好地消除了多元共线性的影响。文献[42, 43]也在测点优化中使用了模糊 C 均值聚类。Zhou 等[44]采用密度峰聚类筛选温度测点。浙江大学傅建中团队[45]在数控铣床上使用互不相关策略和主因素策略将14个温度测点优化为4个温度测点。西安交通大学梅雪松团队[46, 47]应用模糊聚类、灰色聚类和相关分析法对温度测点进行优化。西安理工大学李艳等[48]将改进模糊聚类法和互信息相结合，用于机床热关键点的优化，温度测点初始聚类时，使用改进模糊聚类、F 统计量和复判定系数作为指标，最后结合热误差和温度变量间的综合关联度确定机床热关键点。合肥工业大学的苗恩铭等[49, 50]利用模糊聚类和灰色关联方法相结合优化热关键点。凡志磊等[51]通过偏相关分析选出具有代表性的温度变量建模，去除了冗余变量，方便实施建模。粗糙集、模糊聚类与偏相关分析[52, 53]也有所应用。2016年，作者[28]在研究中采用模糊聚类和相关分析法对龙门精密镗床的关键点进行了优化，最后采用特征提取法优化了建模变量，试验结果表明该方法建立的模型具有很好的精度和鲁棒性。

1.3.1.3 特征成分提取方法

特征成分提取方法即是利用数学方法对多个温度变量进行重新组织或降维处理，利用处理后得到的较少的特征变量作为自变量建立热误差模型。这种方法中使用最多的是主成分分析法。

Miao 等[54, 55]对数控加工中心的 Z 轴进行空转试验，通过试验数据对比发现，工况的变化对温度敏感点有影响，该影响导致建模自变量间多重共线性的程度发生变化，从而影响模型的鲁棒性和预测精度。为了消除这种影响，在测点优化时采用主成分分析对温度数据进行处理，此方法有效降低了温度敏感点的变动特性，确保了模型的鲁棒性和预测精度。Zhang 等[56]提出一种构造线性虚拟测温点的方法，该方法使用主成分分析法在两类温度中筛选出携带信息最多的变量，由这个变量进行加权构造线性虚拟温度序列。本书中筛选出两个携带信息量最大的关键温度变量，通过算法可以保证两个关键温度变量携带的信息占全部温度变量提供信息的90%以上。Li 等[57]认为主轴的热生成与温度的变化过程密切相关，通过主成分分析，研究人员把初始温度变量的特征进行提取，重构了新的热误差模型输入变量。通过与初始温度变量建立的模型相比,基于主成分分析重构的输入变量模型的预测精度得到极大的提升。作者[28, 58]针对龙门机床,采用了温度特征提取法,将温度变量中能有效反映温度特征的信息提取出来作为建模自变量,建立的模型具有很强的鲁棒性。杨建国团队[59]通过主成分分析法将传统方法建模时的多个温度变量重新组合或降维,减少了建模变量的数量,最后将降维后较少的变量输入 BP(back propagation)神经网络建模。该方法建立模型的自变量少,热误差模型训练速度快、迭代次数少。文献[60~62]也对主成分分析在测点优化中的应用做了研究。

1.3.1.4 其他方法

除了上述方法外,还有高斯积分法、神经网络辨识法、遗传算法辨识法等。Krulewich 等通过高斯积分法来分析机床的温度场,该方法可确定温度测点的位置及数量,因此改善了试凑法等需要花费大量时间的缺陷。但高斯积分法确定的仅为一简单的线性理论模型,与数控机床的实际温度场存在一定差距,因此该方法的预测精度差[63]。Lee 等[64]将 16 个温度测点测得的数据输入独立成分分析模型中,成功抑制直线轴热误差在微米级别。Li 等[65]使用 ANSYS 仿真主轴温度场和热误差,基于仿真结果,提出一种平均冲击值法选择主轴的热关键点,试验验证了该方法的有效性。Zhao 等[25]针对机床主轴温度传感器布置的简单性,结合有限元分析方法,根据热误差的敏感性模型选择机床关键测点。西安理工大学高峰团队提出基于 Kohonen 神经网络热敏感点辨识算法,该方法将试验采集的测点温度和热误差作为神经网络的训练样本,利用 Kohonen 的自组织竞争把分类结果输出,最后,通过评价各类中关键点与热误差间的相关程度,选出机床关键点[66]。浙江大学傅建中团队[67]使用热模态理论和遗传算法对传感器进行优化布置,用最小二乘支持向量机建立机床热误差辨识模型。针对主成分分析对非线性问题辨识能力弱的缺陷,作者提出了核主成分测点辨识方法[68]。此外,还有热模态分析[69~71]。Tan 等[72]提出一种最小绝对收缩和选择算子结合的方法选择测点。

温度测点的布局及建模变量的优化方法中,各种分类优化理论应用较为全面,也取得了一定的效果。但传感器布局时主要还是凭借经验放置,缺乏便捷的操作策略;同时,采用何种方法选取和优化建模变量也是目前影响模型鲁棒性的关键因素。

1.3.2 工况对热误差的影响研究现状

在以往的数控机床热误差建模方法中,主要通过映射热关键点的温度和机床热变形之间的关系构建热误差模型,而且热误差建模时往往使用空载条件下的试验数据进行建模。然而,实际应用时,空载条件下建立的热误差模型预测精度却不理想。研究[4, 73]发现,当加工工况不同时,尽管机床关键部件的温度场表现相似,机床的热误差也会得到明显不同的结果。研究结果[15, 73]如图 1-3 所示,其中显示,尽管 X 轴螺母的温升相同,但工况不同时,X 轴的定位误差明显不同。研究发现,温度与热误差之间的规律会随着机床运行参数的变化而改变,由此导致模型预测精度下降[74]。此外,Liu 等[75]还研究了滚珠丝杠预紧力对热误差的影响,研究结果表明预紧力对热误差有明显影响。因此,对不同工况条件(进给速度、主轴转速、工件重量、切削载荷、是否使用冷却液等)的关键部件温度场、主要热源和热变形规律进行研究,建立能够考虑工况对热误差影响的模型对热误差补偿的实际应用具有非常重要的意义。

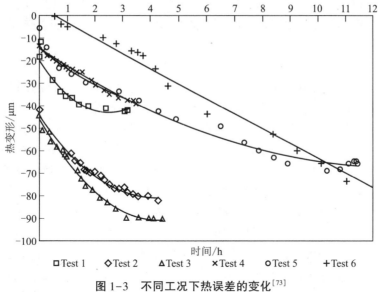

图 1-3 不同工况下热误差的变化[73]

1.3.2.1 变工况对热误差的影响

1995 年,Chen 等[76]对空载和实际工况下建立的模型进行了分析。结果显示,空载条件下建立的模型应用于实际工况时,预测效果很差。这是由于实际加工过程中的切削负载以及冷却液的影响和空载条件有很大的差别[77, 78]。甚至在某些情况下,空载模型的预测结果可能与实际切削结果相反。文献[76]选择了四种不同的切削工况,对主轴箱的温升和主轴的热误差进行了测量。当采用温度变量和热误差通过相关关系建模时,模型预测精度很差;而采用多元线性回归方法建模时,将工况相关的主轴转速、测点温度和历史信息等与工况相关的条件作为输入变量建立的模型比不使用工况条件建立的最小二乘支持向量机(least squares support vector machine,LS-SVM)模型精度更高。因此,研究人员意识到,在建模实验时,应该将实际工况对热误差的影响模拟到实验中。

为了模拟实际工况下的切削负载,在进行空载试验时往往将主轴转速和进给速度提高。尽管高速空载确实增加了驱动电动机的负载,但研究发现[79],在实际加工中产生的热源通过高速空载无法解决,例如,驱动机构切削负载所致的摩擦热。还有堆积在工作台和机座上的切屑和冷却液也会是通过空载无法考虑的热源。1999 年,Ma 等[80]的研究发现,温度传感器的位置与热量输入的频率有关,如加工周期、每日工作排班。这也说明热误差模型的鲁棒性与工况密切相关。文献[81]为了研究不同工况对机床热特性的影响,分别将切削深度、主轴转速、进给速度和是否使用冷却液四个条件的不同组合作为测试条件,试验结果显示,除温度外,切削工况也是影响热误差的主要因素。同时,文献还研究了切削路径和切削材料对热误差的影响,结果表明,切削路径和切削材料对热误差影响较小。针对机床进给系统,Wu 等[82]研究了三种进给速度和不同轴承预负载下的温升和热变形规律。Li 等[83]在一台立式加工中心上测试不同主轴负载和不同主轴转速下的热误差。华中科技大学的夏军勇、金超等[84, 85]在自制的高速进给系统试验台上进行了变工况条件下温升和热误差影响试验对运行时间、切削负载、进给速度和轴承预紧力等参数的影响进行了测试。尹玲[86]采用有限元法对变工况下机床温升与热误差进行仿真分析,结果表明工况变化影响机床的热特性,直接引起机床热变形的差异。Miao 等[54, 87]按照 ISO 23-03-2001 要求,设置机床空转运行条件,对不同主轴转速和不同环境温度的机床热特性数据进行采集,然后使用模糊聚类和灰相关理论对温度敏感点进行筛选,结果发现,当主轴转速和环境温度变化时,热误差建模的关键点也会发生变化。

1.3.2.2 变工况热误差模型

针对空载工况建立的模型应用于实际工况时预测精度和鲁棒性差的问题,1997年台湾中正大学的Chen等[81]使用逐步回归分析筛选关键点,再采用三层人工神经网络建立综合热误差预测模型。利用空切数据和实际工况数据训练模型,综合模型获得了满意的预测效果。2002年新加坡国立大学的Ramesh等[8]使用支持向量机建立热误差模型,将工况和温度变量都考虑在内。2003年,Ramesh等[73]提出一种贝叶斯分类和支持向量机的综合模型,贝叶斯网络用于分类工况,支持向量机预测误差,从而实现根据不同工况下分类进行热误差预测。Ramesh等提出的模型比传统的映射温度和热误差的模型更有广泛的应用价值,在实际生产中更有使用意义。尹玲[86]提出了混合参数LS-SVM热误差模型,在特定的工况范围内,该模型表现出很好的鲁棒性。Shi等[88]测量进给驱动系统在不同工况下的数据,采用模糊聚类和线性回归方法建立热误差模型。Lei等[89]提出一种BSOD(boosting-based outliers detection)建模方法应对工况变化引起的模型鲁棒性差的问题。在解决模型鲁棒性问题中,工况如何融入模型一直是学者在研究中探索的关键问题。

1.3.3 热误差理论建模研究现状

热误差理论建模最大优势就是能够清晰地理解机床热误差的产生过程和机制,能够为经验热误差模型提供基础模型[90],为机床的结构优化做理论支撑。热误差的理论建模方法主要有有限元法、有限差分法、多体系统理论和齐次坐标变换等。

1.3.3.1 有限元和有限差分法

随着计算机性能的提升,工程上广泛采用数值分析法求解复杂的、超大规模的、高度非线性问题。有限元法和有限差分法就是典型的数值求解方法。

1990年,Jedrzejewski等[91]采用有限元技术首先确定机床温度场,然后确定机床的位移和变形,通过分析,优化了生热部件以及受热源影响容易变形的支撑件。优化后,机床的热误差减小。1998年,Jin等[92]通过有限元法研究了主轴轴承系统的热特性,并对其进行了改进。改进的主轴轴承系统重新制造后,将其与有限元结果进行对比发现,有限元法能很好地预测其热特性[93]。有限元法能够有效预测的关键是选择合适的传热系数。1999年,Ma等[94]提出了热变形模态分析,通过有限元分析热-变形之间的关系。Yun等[95]为了研究由热误差引起的进给驱动系统定位误差,将进给驱动系统分为滚珠丝杠和导轨两部分,分别采用不同的热特性评价模型,其中导轨使用有限元法。2003年,Kim等[96]将主轴简化为杆,使用有限元法对主轴的热特性进行建模,模型可以预测简化的主轴温度及热变形。Mayr等[97, 98]提出一种结合有限元和有限差分法的热-机械性能仿真模型,模型首先通过有限元法计算3D温度场,然后使用有限差分法计算热误差。Zhu等[70]使用热模态理论创新了传感器布局和热误差建模策略,阐述了位置无关和位置相关热误差的建模过程,模型精度和鲁棒性满意。肖曙红等[99, 100]通过对电主轴的结构及热源分析建立了有限元分析模型,通过实验验证了该模型的正确性,说明热-结构耦合的热态分析模型适合电主轴。Wang等[101]通过有限元法和试验对比发现,温度变化对定位精度有显著的影响。Zhang等[102]基于整机的热模型,进行了有限元仿真,获得了机床的热特性和和热变形机制,验证了有限元仿真模型的有效性,对热特性和热变形的仿真精度明显改善。1999 年,美国普渡大学的 Bossmanns 等[103]针对一台 32 kW、最大转速 25 000 r/min 的定制电主轴,通过有限差分方法建立了该主轴的热分析模型。该模型能够分析主轴转速、负载和润滑条件下的传热和散热特性。后来的文献[104, 105]也沿着 Bossmanns 的研究继续拓展。

1.3.3.2 多体系统理论模型

机床的多体系统理论模型是将机床简化为一个多体系统,通过床身结构的低序体阵列,构建目标机床的综合误差预测模型。图 1-4 所示为具有误差量的典型体及其相邻的低序体,通过误差特征矩阵构建包括几何误差、切削力误差和热误差在内的综合机床误差模型。该理论具有容易实现程序化和通用性的特点,且能够实现机床误差的快速辨识及实验验证[106, 107]。

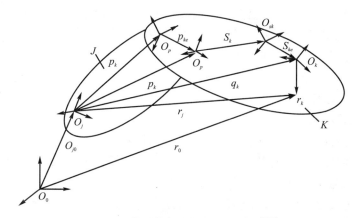

图 1-4 典型体及其相邻的低序体[106]

多体系统理论在热误差上的应用以天津大学为代表。2002 年,天津大学的刘又午等[108]以一台三坐标 MAKINO 加工中心为对象,基于多体系统理论建立了热误差预测模型并进行参数的辨识。该模型以 4 个温测点的数据作为输入,实现模型的实时预测。2010 年,天津大学的刘明等[106]基于多体理论,将位置误差矢量和位移误差矢量加入典型体坐标变换中。同时,使用神经网络辨识温度和变形参数,集成误差参数到通用误差模型中,最终误差降低了 60%。2011 年天津大学的赵小松等[109]基于多体理论引入向量变换矩阵,同时考虑实际工程应用,用 4×4 矩阵替代 3×3 矩阵,使得物体间相对方位的描述更加容易。

1.3.3.3 齐次坐标变换

上海交通大学的杨建国[21]针对多轴加工中心的几何误差和热误差,采用标准齐次坐标变换方法推导出综合数学模型,在一台数控双主轴车床和一台车削中心上进行了实际应用。文献[110]对一台加工中心用齐次坐标变换构建了误差运动综合补偿模型。文献[111]使用齐次坐标变换对五轴数控机床的各运动副坐标系建立变换矩阵,借助解耦各运动副方向和位置误差补偿运动,对空间误差的 5 个补偿量建立了数学模型。重庆大学的陈永鹏等[112]针对某新型结构的高速干切滚齿数控机床,以齐次坐标变换理论推导出该机床的热误差公式。

除了上述模型外,Su 等[113]构建了静压主轴系统的热-流-固综合模型用于仿真热生成过程和流固共轭热传递。Su 等提出了一种有限体积法(FVM)和有限元方法(FEM)结合的有限体积元素法(FVEM),通过试验和仿真的对比验证了提出模型的有效性。Liu 等[114~116]

提出了轴、轴颈、轴承环和滚动体之间传热系数计算模型。Liu 等[117]将热误差分为行程范围内的热变形误差(TEE)和原始热漂移(TDE)。基于热生成、传导和对流理论获得温度场模型,分别建立 TEE 和 TDE 的预测模型,并在龙门机床进给系统上验证了方法的有效性。

近年来,学者们针对热误差建模进行了大量的研究,建模方法层出不穷,但有些方法过于复杂,补偿过程中实现算法非常困难,导致硬件补偿难以实现。

1.3.4　热误差试验建模研究现状

数控机床的热误差模型主要以试验为基础,通过系统辨识的方法建立模型,该模型以温度、机床运行参数等作为输入,热变形作为输出[118]。试验建模方法需要以先验知识(包括系统的运行规律、试验数据或其他工程经验)作为基础,确定模型的结构、决定辨识方法和设计实验步骤。模型只映射输入和输出数据间的数学关系,不涉及热量的生成、转化及传递过程中的变化。热误差实验建模方法包括回归分析法、神经网络、最小二乘支持向量机、多种理论结合法等。

1.3.4.1　多元回归分析法

回归分析是建模中使用较多的一种方法[119, 120],多元回归分析(multiple regression analysis, MRA)法是将相关变量中的一个变量看作因变量,而其他的多个变量作自变量,从而通过样本数据进行统计分析,创建多个变量间非线性或线性数学模型。在热误差生成过程中,通常有多个温度关键点对机床的空间热误差产生影响,通过多元回归分析可以很简单地表述多个自变量与一个因变量之间的关系[121]。

多元回归分析法应用于热误差模型建立时,通常使用方程 $Y=AX+B$ 表示。其中,X 表示自变量,通常为关键点的温度变化量;A 表示自变量 X 的回归系数;B 表示常数项;Y 表示热变形量。

Chen 等[76]在四种不同切削工况下对主轴箱的温升和主轴的热误差进行了测量。测量结果显示,在这种情况下仅使用温度变量很难精确建立热误差模型,因为预测结果和工况有相关性。因此,在建模时将主轴转速、测点温度和历史信息等作为变量进行多元回归建模比用最小二乘法建立的模型精度更高。Jędrzejewski 等[122]应用多元回归分析法预测精密机床的热变形。Huang[123]将多元回归分析法应用于数控机床的滚珠丝杠进给系统中,将前、后丝杠及螺母选为热关键点,上述关键点的温度数据作为预测模型的输入,试验结果显示,当丝杠的进给速度改变时多元回归模型具有很好的预测精度。虽然多元回归分析法简单,但如果测点选择不当,容易受到多元共线性的影响。李逢春等[124]在一台重型落地镗铣床上进行了试验,采用相关系数和欧氏距离结合的系统聚类准则,对关键点做了优化,这种测点优化方法很好地消除了测点间共线性的影响。基于优化后的关键点,采用多元回归分析法建立了机床的热误差模型,试验结果证明了方法的有效性。黄娟等[42]使用模糊 C 均值聚类和相关分析法对机床的关键点进行优化,最终的热误差预测模型使用多元回归分析法建模。

1.3.4.2　神经网络

关于神经网络(neural network, NN)的定义各相关学科不尽相同,本研究选择了一种目前应用最广的定义,即"神经网络是由具有适应性的简单单元组成的广泛并行互联的网络,它的组织能够模拟生物神经系统对真实世界物体所做出的交互反应"[125]。图 1-5 所示为 M-P 神经元模型,n 个其他神经元传递输入信号给当前神经元,上述输入信号通过带权重的链接进行传输,将神经元接收到的总输入值与神经元的阈值进行对比,随后通过处理"激活函数"产生了神经元的输出。

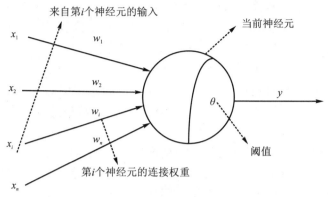

图 1-5 M-P 神经元模型

神经网络具有很强的自学习功能和高速寻找优化解的能力,因此,大量的研究者将其应用于数控机床的热误差建模补偿中。Yang 等[7]利用小脑模型关节控制器神经网络进行热误差建模,这种算法能很好地拟合温度场和热误差之间的非线性特征,并在立式加工中心和车削中心上对模型的预测精度、学习速度、传感器失效的包容性及传感器位置的稳定性进行了研究。Zeng 等[126]将粗糙集人工神经网络应用于进给系统热误差建模,试验效果良好。Ouafi 等[127]使用统计学方法选取机床的热关键点,然后,采用人工神经网络建立热误差模型。此方法能实时地补偿车削中心主轴热误差,测试结果证明了提出方法的可行性。同样是在数控车削中心上进行试验,香港城市大学的 Li[128]使用回归树和径向基神经网络构建了热误差模型,将高斯函数引入隐含层的激活函数,使得模型对非线性关系的预测能力增强。在不同加工工况下的试验,证实了这种神经网络模型的可靠性。Chen 等[129]通过人工神经网络的监督反馈传播学习系统辨识热误差的非线性特征和交互特性,在三轴立式加工中心上进行试验验证,Y 轴热误差由 92.4 μm 减小到 7.2 μm,Z 轴热误差由 196 μm 减小到8 μm。Mize 等[130]将人工共振理论的神经网络应用于机床热误差的预测和补偿。

上海交通大学的张毅[131]提出了基于灰色理论前处理的神经网络模型(GM-ANN),这种方法利用灰色理论将温度和热误差数据进行预处理,神经网络则用于综合计算和误差反馈,模型结构如图 1-6 所示。杨漪等[59]采用 BP 神经网络进行热误差建模,建模的温度测点采用主成分分析做降维及组合。

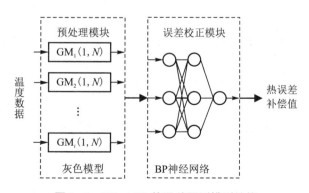

图 1-6 GM-ANN 热误差预测模型结构

浙江大学的傅建中等[132]结合人工神经网络强的学习能力和模糊推理方法,将优选的学习样本用于训练神经网络,构建了模糊神经网络热误差预测模型。测试结果显示,此模型能有效描述热动态误差。西安交通大学的马驰等[46]利用粒子群优化算法对 BP 神经网络的拓扑结构进行有效优化,在不同工况下进行验证,该模型可实现热误差的精确预测。四川大学的阳红等[133]提出了基于径向基神经网络的热误差预测模型,该模型发挥了径向基神经网络的强泛化能力和高建模精度的优势。在一台高架桥龙门加工中心上进行了试验,试验效果良好。四川大学的王洪乐等[134]引入放大因子和陡度因子解决 BP 神经元误差曲线对收敛效率影响问题,基于此方法提出优化 BP 神经网络的综合误差补偿方法。湖南大学的吕程等[135]针对传统热误差模型建模效率和预测精度差等问题,将广义径向基函数(radial basis function, RBF)方法引入到数控机床热误差预测中。在数控导轨磨床上的验证结果表明,所提出模型具有很好的泛化能力和预测精度。同样是采用 RBF,华中科技大学的张捷等[136]利用遗传算法获取全局最优解。利用多点随机搜索,对传统径向基网络的连接权值和节点中心值进行优化,实验结果表明,基于遗传算法的径向基神经网络预测精度和鲁棒性更好。余文利等[137]通过核心向量回归方法引入支持向量回归中,改善了支持向量回归的预测能力。李彬等[138]在五轴摆动卧式机床上应用遗传算法优化的小波神经网络热误差模型补偿,证明了所提出模型的抗干扰能力和鲁棒性。李阳[139]用蝙蝠算法优化 BP 神经网络的初始权值、隐含层节点数和阈值,改善了预测模型的鲁棒性和精度。

在神经网络的使用过程中,人们也发现,由于神经网络的"黑箱"问题,研究人员无法解释神经网络是如何产出结果的,又是为何会产生这种结果。此外,当工程数据不充分时,神经网络也无法进行工作。

1.3.4.3 最小二乘支持向量机

支持向量机是在统计学理论基础上逐渐发展成形的新型工具,其可以实现分类和回归的功能[140]。由于支持向量机在解决非线性、高维度、小样本和局部极小点等问题上有很大的优势,所以其在信号处理、模式识别和函数逼近等领域得到了广泛应用[141~143]。

LS-SVM 是由 Suykens 等[144]提出的,这种方法将 LS-SVM 作为损失函数,把不等式约束转化为等式约束,使得整个过程转化成一组等式方程求解,加快了求解速度。LS-SVM 可以很好地应用到非线性函数拟合和模式识别中[145]。

在热误差建模方面,Yang 等[13]提出了一种 LS-SVM 的电主轴热误差模型,该方法在实施过程中考虑了刀具长度和热倾角,采用电涡流传感器和五点法测量径向热倾角和轴线的热变形,试验证实提出方法可以预测 90% 的热误差。Zhao 等[146]采用 LS-SVM 建立数控机床主轴的热误差模型,测点优化采用灰相关分析。Jin 等[147]提出了多级最小二乘支持向量机热误差模型,用于进给系统热误差模型预测,在自制的进给系统试验平台上进行验证,结果显示,所提出方法比普通的 BP 神经网络和 RBF 神经网络具有更好的精度。浙江大学林伟青等[67]针对支持向量机在数控机床热误差的关键点优选、热误差建模方面的应用进行了系列的研究,研究发现支持向量机建立的模型具有计算时间短、鲁棒性强和精度高的优点。Wei 等[148]使用最小二乘法建立工作台的二维热误差映射模型,该模型有效提高了工作台各点的补偿一致性。

1.3.4.4 多种理论结合法

热误差软件补偿中,针对不同的机床及其加工工况,各种方法都有其自身的优势。研究人员发现,如果能够将不同方法的优势集成到一个综合模型中,则有利于提高模型的泛化能力和精度。Zhao 等[146]将灰色理论和 LS-SVM 综合,建立了 LS-SVM 热误差预测模型,灰色理论对关键点进行优化,最小二乘支持向量机用于建立热误差模型。试验验证表明,该模型具有很好的泛化能力和预测精度。Yao 等[149]也利用灰色模型和 LS-SVM 建立综合模型预测热误差。Zhang 等[150]提出多模型融合的热误差建模方法,该方法使用有限元模型和动态热误差模型构建综合模型。有限元模型具有明确的建模机制,动态热误差模型预测精度高且模型适应能力强,试验验证显示,所提出模型改善了预测的鲁棒性和精度。Li[128]使用回归树和径向基神经网络相结合的方法建立了数控车削中心的热误差模型。为了验证模型的鲁棒性,在不同的加工工况下进行试验,测试结果表明,所提出方法具有很好的实时预测效果。Liu 等[115]提出一种闭环迭代建模方法计算热源和热边界条件。张毅等[11]利用灰色理论和神经网络各自的优点,创建了数控机床热误差综合预测模型,得到了很好的预测精度和鲁棒性。杨漪等[59]将主成分分析和 BP 神经网络结合建立热误差预测模型。傅建中等[132]结合人工神经网络和模糊逻辑各自的优势,提出模糊神经网络热误差预测模型。余文利等[137]将最小偏二乘算法(partial least squares,PLS)、改进粒子群优化算法(improved particle swam optimization,IPSO)和核心向量回归法(core vector regression,CVR)综合,提出 PLS-IP-SO-CVR 综合误差建模方法,该方法的预测速度和精度较支持向量回归和神经网络更优。朱星星等[151]将协同训练算法和支持向量机结合提出了基于协同训练支持向量机回归的热误差模型,该模型拟合程度高,泛化能力强。

1.3.5 数控机床热误差控制技术研究现状

目前,数控机床的热误差控制技术主要分为硬件补偿法(误差防止法)和软件补偿法。目前,热误差控制技术作为提高机床精度的有效手段在数控机床中广泛应用。本部分梳理热误差补偿技术发展过程中的研究内容,总结数控机床热误差补偿体系,内容如图 1-7 所示。在机床的热误差补偿过程中,需要对机床的热态特性进行数值仿真分析及试验分析,掌握温度变化与热变形间的关系,通过硬件补偿或软件补偿的方式对机床的热误差进行抑制。最后,通过试验检验补偿效果,评估热误差补偿方法的优劣。

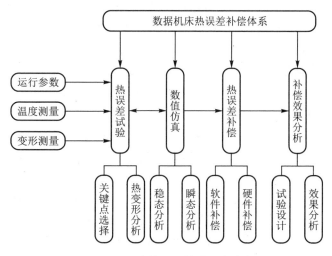

图 1-7 机床热误差补偿研究内容

1.3.5.1 数控机床硬件补偿法研究现状

热误差的硬件补偿法又称热误差防止法，是通过对机床的优化设计、强制冷却或人工辅热稳定加工精度等方式来实现对热误差的抑制[4, 5, 152]。机床的误差防止法包含热关键部件结构对称设计、选用新型材料、转移内部热源、降低摩擦发热和主轴系统抗热功能优化等内容。

在机床优化设计方面，瑞士在进行机床设计时，考虑到热源影响机床热变形，将对称设计理念引入到热源设计中。例如，将电动机或油箱布置在机床的一侧，对应部件一旦受热，很容易引起受热部件倾斜；如果将热源对称配置，两边受热条件均等，则不容易产生左右倾斜。1973年吉田嘉太郎认为主轴箱内支撑方式和热源会影响主轴的热变形，由此提出"热中性轴"的概念。此后他进一步提出了"热对称面"的概念，将由温度变化引起变形的零部件安装在热对称面的两侧，很大程度上改善了热误差对精度的影响[19]。东京大学的佐田登志夫等在加工中心上进行了试验，对单柱和双柱型的加工中心的热变形特性进行了比较，由于双柱型的对称性结构，它比单柱型结构产生明显较小的扭曲变形[153]。Kim等对主轴支撑结构和轴承的装配公差对热变形的影响规律进行了研究[154]。Wen等[155]研究了外部热源对机床精度的影响，为机床结构设计提供了依据。哈尔滨工业大学的李天箭在对超精密机床多尺度集成设计时，将均匀的温度场和热变形量最小作为优化目标[156]。

在选用新材料方面，许华威对人造黄岗岩材料应用于超精密外圆磨床床身上的特性进行了研究[157]。Uhlmann等[158]将碳纤维增强塑料材料应用于机床热变形补偿，通过改变主轴套筒的径向和角向热变形，降低了刀尖点的热变形。Ge等[159]将碳纤维增强塑料安装在机床主轴外壳上，基于热变形平和原理，利用碳纤维增强塑料的收缩性来抑制金属主轴外壳的热伸长，试验及仿真结果显示，所提出方法减少了97%的热位移。居冰峰等[160, 161]在平面磨床的结构件中应用相变材料，得到了较好的热变形控制效果。

强制冷却或控制温升是尽量将机床温度稳定在常温状态下，常温状态可以使机床的加工精度稳定。主轴系统被认为是机床中最主要的热源，为了控制主轴温升，都会在其内、外部设计冷却流道，通过冷却水或空气强制冷却[162, 163]。Chien等[17]将不同冷却水流速、不同电动机热源作为参数对温度场分布及流动特性进行了仿真模型分析，结果显示，电主轴的中间部分最热。哈尔滨工业大学[164, 165]将热管冷却方法应用于电主轴上，控制其温升，对热管传热性能和热管的冷却性能等因素进行了研究，对比分析了传统油冷和热管冷却的效率，为电主轴的开发提供了新的思路。李洪等[166]将热管冷却系统应用于大连机床厂研制的TH6263型加工中心上，与原来的油循环冷却方法进行了对比，降低了温升值46.5%，减少了轴向伸长量57.6%。邓君等[167]通过对热管和传统油冷的对比研究发现，热管冷却技术有效降低了电主轴轴芯的热变形，由于降温效果优良，可提高机床主轴的转速，从而提升加工效率。夏晨晖[168]提出了利用新型树状分型网络结构进行主轴冷却的方法，结果显示，与传统螺旋流道相比，分型流道的散热结构可获得更均匀的温度场分布、更低的压降损失和更大的性能系数。Donmez等[169]根据康达效应设计了一套空气冷却系统，尽管空气的传热性相比液体而言并不尽如人意，但康达效应改善了空气冷却性能，使其成为机床冷却的一种可靠方法。Grama等[18]提出一种冷却模型控制冷却系统，该方法优于环境温度追踪策略，能有效减少热误差。Li等[170]在高速干式滚齿机上通过综合优化滚刀转速、进给速度、冷却水流速及压缩空气温度，控制热平衡，达到抑制热误差的目的。

基于尽量降低热生成，接受和合理利用热的思想，日本大隈（OKUMA）公司独创性地将上述思想定义为"热亲和"。"热亲和"的思想是合理地控制和利用热,对于不可杜绝的热量,以接受的方式考虑,使机床受热的热变形保持可控和平衡,达到抑制热变形的目的[171],"热亲和"概念如图1-8所示。"热亲和"是热误差硬件和软件补偿技术综合应用的体现。

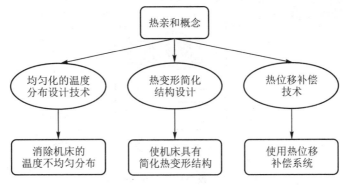

图1-8 "热亲和"概念

1.3.5.2 数控机床热误差软件补偿研究现状

在热误差补偿的早期阶段,离线方式修改数控程序的G代码是实现补偿功能的一种方法。然而,此方式耗时耗力,还需要满足实际生产误差与离线计算的热误差完全相等这一前提条件。为解决上述问题,提高补偿效率,科研人员设计出了两种不同的技术来完成误差补偿:反馈中断法和零点平移法[86]。

零点平移法是一种通过调整数控机床原点坐标进行补偿的方法。这种方法的原理如图1-9所示。当计算机计算得到数控机床的各项误差后,将热误差补偿量输入CNC控制器,利用I/O口平移控制系统的参考原点,把控制信号输入到伺服环中完成热误差的补偿。

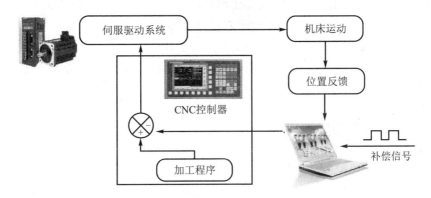

图1-9 零点平移法的原理

零点平移功能在FANUC和SIEMENS数控系统中都有,上海交通大学[6, 21, 172]、北京机床研究所[173]、美国密歇根大学[174, 175]等采用零点平移法,完成了热误差的补偿。

利用带有补偿值的脉冲信号插入到伺服系统的位置信号中,反馈中断法得以实现数控机床的误差补偿,该方法是由K.W.Yee提出的。这种方法的补偿原理如图1-10所示。在机床获取位置反馈信号的同时,计算机通过热误差补偿模型对机床的空间误差进行预测,并将误差值生成误差补偿脉冲信号,接着与编码器中的信号叠加。据此信号,伺服系统可实时地对机床进给轴位置进行调节,以此完成数控机床的热误差补偿。韩国汉阳大学的K-D Kim等[176]和大连理工大学的高玉平[177]都利用反馈中断法完成热误差补偿。然而,反馈中断法在将误差相位信号输入位置反馈装置中时,技术处理相对复杂,而且机床自身的反馈信号和插入的误差信号之间易冲突干涉,导致控制系统的崩溃。

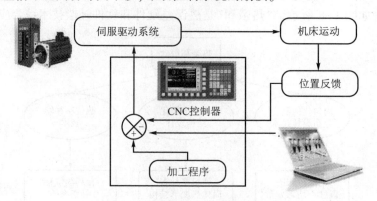

图1-10　反馈中断法的补偿原理

零点平移法的优势是不需要修改 CNC 控制器上运行的工件程序,操作者无须参与,且对 CNC 机床的硬件无须做任何改变,适合工程应用。该方法可有效降低应用成本,具有很高的补偿精度。FANUC 系统上,Chen 等[178]利用零点平移法对三轴立式加工中心进行了热误差补偿。Wang 等[179]也利用该方法对三轴机床上包含热误差在内的综合误差进行了补偿。Li 等[180]在一台龙门机床上通过 SIEMENS 840D 系统和 S7-300 可编程逻辑控制器完成了热误差补偿试验。杨建国等[181]基于零点平移法,通过机床可编程控制器的 I/O 接口输入误差值,实现热误差补偿功能。姜辉等[182]对基于零点平移法的补偿原理进行了深入的阐释和论证,证明了该方法的有效性。张宏韬等[183]在一台五轴机床上采用该原理对热误差和几何误差进行了补偿,获得了很好的效果。在 SIEMENS 系统上,Shen 等[184]把热误差分为与位置有关和位置无关的误差,利用零点坐标偏移对误差进行了补偿。Cui 等[185]在三轴机床上,采用零点平移对基于多体动力技术的误差进行了补偿。通过对比分析发现,零点平移法可利用系统自带的热误差补偿功能,其具有实现较为简便、硬件成本低且补偿精度高等特点,是目前较为理想的补偿方法。

1.4　研究内容及架构

通过对数控机床热误差补偿的国内外研究现状回顾发现,主要研究内容集中在温度敏感点的辨识、工况对热误差的影响及应对策略、数控机床热误差防止法、热误差建模以及误差补偿的实施。经过几十年的持续努力,无论是在热误差的产生机制研究,还是对热误差的有效抑制及补偿上都取得了很多的创新和突破。然而,机床结构的差异、使用环境和工况的变化导致模型的鲁棒性和预测精度也随之变化,特别是数控磨齿机等高精度机床受热误差影响更明显,如何选择和优化数控磨齿机床的关键点和建模变量,建立鲁棒性强的热误差模型,最终进行热误差的有效补偿,仍然是精密机床行业面临的主要问题。

本书就目前存在的主要问题,结合已有的理论研究成果,针对数控磨齿机床(图1-11),对变工况条件下,鲁棒性热误差模型的相关技术进行探索和研究,按照热误差补偿技术的应用顺序,本书的构架和内容编排如下:

1.绪论。简介课题的研究背景及意义、课题的来源等。对国内外研究现状进行了分析,

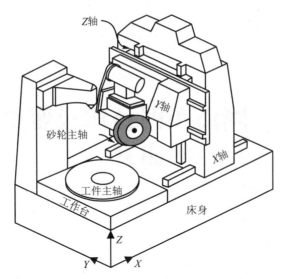

图 1-11 数控磨齿机床结构

重点就温度敏感点辨识的研究现状、工况对热误差的影响研究现状、热误差的理论建模和实验建模研究现状、数控机床热误差控制技术研究现状进行了回顾和总结。梳理已有成果及存在的问题,确定研究方向。

2.测点布置及建模变量特征提取方法的研究。本章将滚珠丝杠简化为一维杆,对一维杆上的测点与热变形之间的线性和非线性关系进行了理论分析。通过一维杆热变形试验装置对上述理论分析进行了验证。根据理论和试验分析,考虑到温度传递各向同性的特点,提出了进给系统温度传感器沿轴线布置方法,使得传感器的布置有规律可循;同时,使用线性测点虚拟构造法和特征提取算法对最优自变量进行优化。

3.数控磨齿机床进给系统热误差测量及建模。本章提出一种基于贝叶斯网络分类器热误差模型。在数控磨齿机床上获取不同工况下的温度和定位误差数据,基于贝叶斯理论构建分类器,使分类器能实现对不同工况下的温度数据进行分类;然后,根据不同工况的定位误差模型,分类建立定位误差综合模型,最终实现分工况误差预测。试验验证了提出方法的可行性。

4.数控磨齿机床工件主轴的无传感器热误差分类补偿。为避免温度传感器测不准,降低成本,本章提出一种无温度传感器热误差分类模型。以一台数控磨齿机为研究对象,通过主轴的温度场及热变形原理,建立了温度场和热变形的理论预测模型。通过模拟工件主轴实际工作的顺序进行试验,利用试验获取的温度和热变形数据对理论模型进行修正,最终建立与实际情况相符的温度场和热变形分类数学模型。

5.数控磨齿机床砂轮主轴热误差数据驱动建模。本章提出了一种基于数据驱动的数控磨齿机床砂轮主轴补偿模型。此模型采用无模型自适应控制算法建模,结合机床运行中生成的数据(温度数据和误差数据)对热误差模型进行实时修正,使模型能快速适应新的加工工况,从而提高模型的鲁棒性。在数控磨齿机主轴上验证提出方法的有效性。

6.基于 SIEMENS 840D 的热误差补偿。本章研究了 SIEMENS 840D 系统的补偿功能,重点研究了温度补偿模块的补偿原理。通过改变系统的软、硬件系统的结构,实现了需要的热误差补偿功能,并在机床上进行了实验验证。

7.总结与展望。对本书研究内容进行了总结,提炼了创新点,根据现有的研究成果和问题结合未来发展方向,对未来的研究方向进行了展望。

2 测点布置及建模变量特征提取方法的研究

2.1 引言

在数控机床的热误差补偿技术中,建立鲁棒性好、预测精度高的热误差模型是该技术的核心[1],而模型输入变量的选择及优化直接决定该模型性能。热误差模型通常选择能准确反应温度信息的输入量为自变量,温度信息主要靠布置在机床上的温度传感器采集。

目前,温度传感器布置大部分是通过工程经验判断和试凑确定的。该方法需在机床上布置大量温度传感器,再利用统计分析方法优选能影响变形的少量温度测点进行热误差建模。而现行的布置方法往往没有规律可循,导致布置和测量耗时费力。此外,当零件形状、加工精度等差异较大时,加工路径、进给速度等工况参数会有很大的变化,这些变化会影响温度测点的选择及其稳定性,从而传导给热误差模型,影响其鲁棒性[54, 56, 87]。因此,测点的布置方法及建模变量的选择对整个热误差补偿的应用起到了至关重要的作用。

本章重点研究热变形和不同测温点处温度之间的相关性及建模温度变量的优化方法。将滚珠丝杠系统简化为一维杆,基于热量传递原理和热弹性运动方程,通过理论解析,分析一维杆热变形和各测点温度之间呈现的凹凸性关系,获得热变形与温测点之间呈线性关系的最佳温测点,建立热变形与最佳温测点的数学模型,揭示在外界工况变化时,模型中最佳测点变化及鲁棒性变差的影响因素及变化规律。通过一维杆热变形试验,验证上述理论的正确性。将测点沿变形方向轴线布置,使用线性测点虚拟构造法和特征提取算法对温度变量进行优化,以期解决测点不稳及多元共线性导致模型鲁棒性差和预测精度低的问题。在数控磨齿机床的进给系统进行试验,其结果证明了基于线性测点虚拟构造法和特征提取算法的温度变量优化方法的有效性。

2.2 滚珠丝杠热变形过程理论分析

滚珠丝杠系统运行过程中的发热是引起进给系统热误差的根源[186]。因此,在研究进给系统的热误差之前,有必要分析整个进给系统的热传递过程。滚珠丝杠进给系统如图 2-1 所示,其中左轴承紧固丝杠,右轴承仅支撑丝杠而不阻止其左右移动,电动机和轴承是滚珠丝杠进给系统的主要热源[187, 188]。因此,做如下假设,可以将滚珠丝杠系统简化为一个如图 2-2 所示的一维杆受热结构:①滚珠丝杠的径向热分布是均匀的;②忽略滚珠丝杠表面凹槽,将其简化为实心圆棒;③忽略润滑油对热传递的影响;④忽略机械部件间的接触热阻;⑤滚珠丝杠与周围空气的热交换主要是对流散热,当丝杠与空气温差较小时,热交换也小,可不考虑滚珠丝杠与周围的热交换;⑥丝杠左右两端的温度不产生耦合。

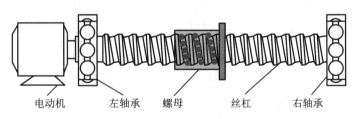

电动机　　左轴承　螺母　　丝杠　　　右轴承

图 2-1　滚珠丝杠进给系统

图 2-2 所示的一维杆,左端固定,右端自由,杆长 L,右侧箭头表示热流方向,其导热微分方程为

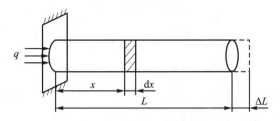

图 2-2　一维简化模型

$$\frac{k}{\rho c}\frac{\partial^2 T}{\partial x^2} = \frac{\partial T}{\partial t} + \frac{4\alpha_{\mathrm{h}} c_{\mathrm{g}}}{kA}(T - T_{\mathrm{a}}) \tag{2-1}$$

式中,k 为热传导系数;ρ 为材料的密度;c 为材料比热容;$T(x,t)$ 为杆上某一点的温度,它是位置 x 和时间 t 的函数;α_{h} 为杆与空气的综合散热系数;c_{g} 为横截面周长;A 为杆的横截面积;T_{a} 为环境温度。

初始条件是 $t=0$ 时,

$$T(x,0) = T_0 \tag{2-2}$$

边界条件为 $x=0$ 时,

$$\left.\frac{\partial T}{\partial x}\right|_{x=0} = -\frac{q}{kA} \tag{2-3}$$

式中,q 为热流密度。

边界条件为 $x=L$ 时,

$$\left.\frac{\partial T}{\partial x}\right|_{x=L} = -\frac{h_{\mathrm{r}}}{k}[T(L,t) - T_0] \tag{2-4}$$

式中,h_{r} 为单位面积表面传热系数;L 为一维杆长度。

以时间步长 Δt 和空间步长 Δx 将定解区域划分为网格,节点为 (x_i, t_j),简记为 (i,j),其中,$x_i = i\Delta x$,$i=0,1,\cdots,m$,$\Delta x = \dfrac{1}{m}$,$t_j = j\Delta t$,$j=0,1,2,\cdots,n$。采用分组显示(group explicit,GE)算法的有限差分方程[16]

$$
\begin{bmatrix}
1+r & -r & & & & \\
-r & 1+r & & & & \\
& & \ddots & & & \\
& & & 1+r & -r & \\
& & & -r & 1+r & \\
& & & & & 1+r
\end{bmatrix}
\cdot
\begin{bmatrix}
T_1^{j+1} \\
T_2^{j+1} \\
\vdots \\
T_{m-3}^{j+1} \\
T_{m-2}^{j+1} \\
T_{m-1}^{j+1}
\end{bmatrix}
=
$$

$$
\begin{bmatrix}
1-r & & & & & \\
& 1-r & r & & & \\
& r & 1-r & & & \\
& & & \ddots & & \\
& & & & 1-r & r \\
& & & & r & 1-r
\end{bmatrix}
\cdot
\begin{bmatrix}
T_1^{j} \\
T_2^{j} \\
\vdots \\
T_{m-3}^{j} \\
T_{m-2}^{j} \\
T_{m-1}^{j}
\end{bmatrix}
+ \boldsymbol{b}_1
$$

$$(2-5)$$

式中，$T_i^j = T(i,j)$ 是式（2-5）的解在离散点 (i,j) 的值，$r = \dfrac{\Delta t}{\Delta x^2}$ 称为网格比，$\boldsymbol{b}_1 = [rT_0^j, 0, \cdots, 0, rT_m^{j+1}]$。取网格尺寸 $\Delta t = 1\ \text{min}$，$\Delta x = 25\ \text{mm}$，网格数 $n = 180$，$m = 40$。

表2-1所示为试验一维杆的材料参数。将表2-1中的参数值代入式（2-1），根据式（2-5）可以计算出杆上任意点的温升。

表2-1　一维杆材料的热特性参数

参数	参数意义	量值
k	热传导系数	46.5 W/(m² · K)
ρ	材料密度	7830 kg/m³
c	材料比热容	443 J/(kg · K)
α_k	杆与空气的综合散热系数	12.5 W/(m² · K)
c_g	杆的横截面周长	60π mm
A	杆的横截面积	900π mm²

一维杆的热伸长为

$$
\Delta L = \int_0^L \varepsilon \left[T(x,t) - T_0 \right] \mathrm{d}x \tag{2-6}
$$

式中，ε 为热膨胀系数。

通过式（2-5）、（2-6）可以计算一维杆任意点的温度和热伸长，它们之间的关系曲线如图2-3所示。图2-3中，共10个测点，T_1 在接近热源处，T_{10} 在距离热源720 mm处，每间隔80 mm选择一个测点计算温度和热伸长得到如图2-3所示曲线。由图2-3可知，距离热源最近的 T_1，温度变化比热伸长变化快，使曲线表现为凹；随着与热源距离的增加，温度逐渐衰减，曲线的凹的程度也逐渐变小，使得温度-热伸长曲线逐渐趋近线性，如图2-3中 T_3 的曲线所示；在 T_4 点由于距离热源较远，温度-热伸长曲线表现为凸，说明热伸长变化比温度变化快。因此，可以得出结论：温度热变形由凹变凸的过程中，一定存在一个温度-热伸长曲线近似呈线性的点,称其为线性测点;而其他测点则称为非线性测点。

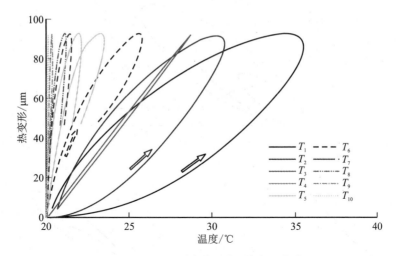

图2-3 $T_1 \sim T_{10}$测点的温度-热变形曲线

此外,可以通过选择不同的热流密度,模拟不同的工况下,测点和热伸长之间的关系。由式(2-5)、(2-6)可得不同热流密度时,T_1、T_3和T_4温度与热伸长之间的关系曲线,如图2-4所示。由图2-4(a)、(c)可知,热流密度改变时,T_1和T_4的温度和热变形之间的关系不仅呈非线性,而且随着热流密度的变化,热变形曲线形状会产生变化。这种现象说明:当工况发生变化时,以非线性测点作为模型输入变量建模,这种方法很难准确预测热误差。上述分析揭示了:当工况变化较大时,测点选择不当,热误差预测模型很难维持鲁棒性。然而,观察图2-4(b),当热流密度变化时,T_3的温度和热变形之间呈近似线性关系,这种关系几乎不受热流密度变化的影响。因此,可以得出结论:当热流密度不变时,如果以非线性测点为变量建模,采用一些非线性辨识方法可以将温度和热伸长之间的关系表示出来,但是当热流密度变化时,常规的辨识方法则很难保证模型的鲁棒性。而以线性测点为自变量建模时,无论工况如何变化,温度和热变形之间的近似线性关系都可以保证模型的鲁棒性。

通过对上述一维杆的温度和热变形之间关系的理论分析,可得结论:

①在有限的杆长范围内,一定存在着一个测点的温度和热变形之间呈近似线性关系;

②当热流密度改变时,线性测点的温度和热变形之间的关系仍然呈线性,这种线性关系的鲁棒性非常强;

③距离这个线性测点越远非线性特征越明显,而且随着工况变化,非线性测点与热变形间的曲线变化较大。

上述结论说明,如果选择非线性测点作为关键点建模,工况变化时,单一工况建立的模型很难维持鲁棒性。

机床的传热过程很复杂,往往温度传感器和热源之间还存在着结合面的影响,在2.3节中,通过最佳测点在时域及频域中的公式证明:材料差异及结合面的性质等对最佳测点的位置都会有直接的影响。

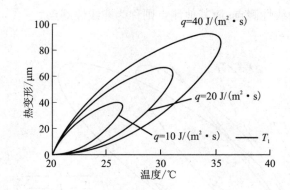

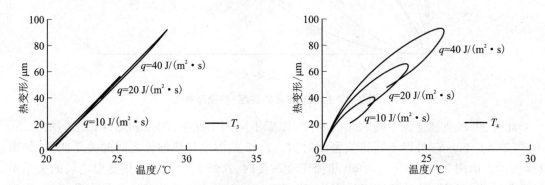

图2-4　不同测点的温度和热变形曲线(理论计算)

2.3　最佳测点的理论分析

2.3.1　一维最佳测点时域分析

最佳测点可变性时域分析的目的是通过推导最佳测点的表达式,证明在实际应用中,由于结合面等因素的影响会导致线性测点的位置发生变动。

由2.2节中的初始条件和边界条件,可得

$$\frac{\partial T}{\partial t} = \alpha \frac{\partial^2 T}{\partial x^2} \tag{2-7}$$

$$\alpha = \frac{k}{\rho c} \tag{2-8}$$

式中,α 为热扩散率。

其边界条件 $x=0$ 时,

$$\frac{\partial T}{\partial x}\bigg|_{x=0} = -\frac{Q}{kA}$$

设置变量 η 为

$$\eta = \frac{x}{2\sqrt{\alpha t}} \tag{2-9}$$

将式(2-9)代入式(2-7)可得

$$\frac{\mathrm{d}^2 T}{\mathrm{d}\eta^2} + 2\eta \frac{\mathrm{d}T}{\mathrm{d}\eta} = 0 \tag{2-10}$$

起始条件 $T(x,0)=0$ 时,将式(2-2)和式(2-3)的边界条件代入式(2-10)可以得到

$$x = 0: \frac{\partial T}{\partial x} = \frac{\partial T}{\partial \eta}\frac{\partial \eta}{\partial x} = -\frac{q}{kA} \Rightarrow \eta = 0: \frac{\mathrm{d}T}{\mathrm{d}\eta} = -\frac{2q\sqrt{\alpha t}}{kA} \tag{2-11}$$

$$t = 0: T = 0 \Rightarrow \eta = \infty: T = 0$$

解方程(2-10)、(2-11)可得

$$T = \frac{2q\sqrt{\alpha t}}{kA}\left\{\frac{e^{-\eta^2}}{\sqrt{\pi}} - \eta\left[1 - \mathrm{erf}(\eta)\right]\right\} \tag{2-12}$$

式中,$\mathrm{erf}(\eta)$ 为误差特性函数。

结合式(2-12)和式(2-6)可得热变形

$$\Delta L = \int_0^\infty \varepsilon T \mathrm{d}x = \frac{\varepsilon q t}{A\rho c} \tag{2-13}$$

式中,ε 表示一维杆的线性膨胀系数。

比较式(2-12)和式(2-13),热变形响应和温度响应为不同类型的两种函数,想在一维杆上找到一个位置,其热变形和温度的动态变化完美匹配几乎不可能。同时,为了找到温度和热变形的相近动态特性,需要将热变形过程限定在一定的时间区间 $[0,\Gamma]$。

对于这个区间内的任何时间 t,进行无量纲化[45]:

$$\xi = \frac{t}{\Gamma} \tag{2-14}$$

通过这种变换,将热变形模型变换为如下形式:

$$\Delta L = \frac{\varepsilon q \xi \Gamma}{A\rho c} \quad 0 \leqslant \xi \leqslant 1 \tag{2-15}$$

其对应温度的热变形可表示为

$$\Delta L = f(T) = f\left(\frac{2q\sqrt{\alpha\xi\Gamma}}{kA}\left\{\frac{e^{-(\frac{x}{2\sqrt{\alpha\xi\Gamma}})^2}}{\sqrt{\pi}} - \frac{x}{2\sqrt{\alpha\xi\Gamma}}\left[1 - \mathrm{erf}\left(\frac{x}{2\sqrt{\alpha\xi\Gamma}}\right)\right]\right\}\right) \quad 0 \leqslant \xi \leqslant 1 \tag{2-16}$$

式中,$f(T)$ 为热变形表达式。Γ 的变化不会影响式(2-15)的热变形动态特性,然而,Γ 的变化会影响式(2-16)中的温度动态特性,因此温度最佳测点需要满足

$$\frac{x_{\mathrm{opt}}}{\sqrt{\alpha\Gamma}} = \mathrm{const} \tag{2-17}$$

最佳测点位置可表示为

$$x_{\mathrm{opt}} = C\sqrt{\alpha\Gamma} \tag{2-18}$$

式中,C 为无量纲的常数。

最佳传感器位置可最终表达为

$$x_{\mathrm{opt}} = 0.563\ 2\sqrt{\alpha\Gamma} = 0.563\ 2\sqrt{\frac{k\Gamma}{\rho c}} \tag{2-19}$$

由式(2-19)分析可知,当材料一定时,如果不考虑结合面的影响,则 k 值不变,线性测点位置不变。

在实际应用中,传热能力不仅与相关零件材料的物理特性、接触表面面积和冷却条件等

有关,而且与结合面的导热性有关[114, 186]。结合表面仅有部分面积接触,非整个平面接触,由此影响了导热性能,结合面热流示意图如图2-5所示。同时,由表2-2可知,不同材料、不同加工方法等因素会极大地影响传热系数 k。因此,结合式(2-19)可知,不同结合面的传热系数差异很大,导致最佳传感器的位置很难确定。

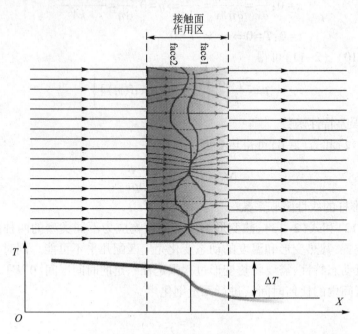

图 2-5　结合面热流示意

表 2-2　结合面传热系数 k[19]

接触表面特征	表面粗糙度/μm	压力/Pa	温度/℃	传热系数/(W · m^{-2} · ℃$^{-1}$)
不锈钢、研磨、空气	2.54	3~25	90~200	3 700
不锈钢、研磨、中间加 0.025 mm 黄铜片	2.54	7	30~200	2 840
铝、研磨、空气	2.54	12~15	150	11 360
铜、研磨、空气	1.27	12~200	20	142 860
铜、磨平、空气	3.81	10~50	20	55 550
铸铁、磨削、空气	—	—	—	1 740
铸铁、刮削、空气	—	—	—	2 560
铝、刮削、油	—	—	—	4 300

2.3.2　一维最佳测点频域分析

机床的实际运行环境中,都会受到环境温度变化、机床的电动机循环运行和电动机冷却液的升温和降温交替变化等影响,这些热源均可以视为周期性热源。因此,各类型的热载荷都可由傅里叶变换将其化解为某种固有频率载荷累加的模式。

根据初始条件及边界条件,一维模型温度场在频域中的表达式为[45]

$$T(x,s) = T_0 e^{-\sqrt{\frac{1}{a}sx}}$$ (2-20)

式中,T_0 为 x 在 0 位置处的温度。施加单频正弦函数为热载荷时,由 $j\omega$ 替换 s 得到

$$T(x,s) = T_0 e^{-\sqrt{\frac{1}{a}j\omega x}} = T_0 e^{-(\sqrt{\frac{1}{2\alpha}\omega}+\sqrt{\frac{1}{2\alpha}\omega}j)x}$$ (2-21)

式中,ω 为频率。

一维杆左端热载荷在频域中可表示为

$$q = -kA\frac{\partial T}{\partial x}\bigg|_{x=0} = kAT_0\sqrt{\frac{1}{\alpha}j\omega} = kAT_0\sqrt{\frac{1}{\alpha}\omega}\left(\frac{\sqrt{2}}{2}+\frac{\sqrt{2}}{2}j\right)$$ (2-22)

频域中的热变形可以表示为

$$\Delta L = \frac{\varepsilon T_0}{\sqrt{\frac{1}{\alpha}j\omega}} = \frac{\varepsilon T_0}{\sqrt{\frac{1}{\alpha}\omega}}\left(\frac{\sqrt{2}}{2}-\frac{\sqrt{2}}{2}j\right)$$ (2-23)

从式(2-23)可得出结论:热变形 ΔL 与热载荷的频率 ω 成反比,热载荷的频率增加对热变形的影响减小,因此,高频热载荷对热变形造成的影响较小。

图 2-3 是一维杆上不同测点的温度-变形曲线图,其中显示温度和热变形是异步的。只有线性测点位置处温度和热变形同步,因此其应满足

$$P_{opt-t} - P_{\Delta L} = \sqrt{\frac{1}{2\alpha}\omega x_{opt}} - \frac{\pi}{4} = n\pi \quad n = 0, 1, \cdots$$ (2-24)

式(2-24)中,P_{opt-t} 和 $P_{\Delta L}$ 分别为线性测点的温度函数相位和一维杆的热变形函数的相位。

考虑到一维杆上,随着测点远离热源,其温度呈指数型衰减,因此,取 $n=0$,可得

$$\sqrt{\frac{1}{2\alpha}\omega}x_{opt} = \frac{\pi}{4} \Rightarrow x_{opt} = \pi\sqrt{\frac{\alpha}{8\omega}} = \pi\sqrt{\frac{k}{8\rho c\omega}}$$ (2-25)

式(2-25)为最佳传感器位置在频域中的表达式,可以看出,最佳测点同样与材料及结合面的传热系数相关。此外,测点位置和热频率有关,热频率变化越大,测点也会越接近测点。

2.3.3 三维最佳测点时、频域分析

温度的传递往往并非一维方向传递,更多情况是二维或三维方向传递。因此,在三维传递时,最优测点在三维时的模型能否同样有效,对本书后面所提出方法的应用具有非常关键的作用。

热传导微分方程在笛卡尔坐标系中的表达式为[19]

$$\frac{\partial^2 T}{\partial x^2} + \frac{\partial^2 T}{\partial y^2} + \frac{\partial^2 T}{\partial z^2} = \frac{1}{\alpha}\frac{\partial T}{\partial \tau}$$ (2-26)

直角坐标系和圆柱坐标的相互关系为

$$\begin{cases} x = r\cos\varphi \\ y = r\sin\varphi \\ z = z \end{cases} \qquad (2-27)$$

用式(2-27)可将式(2-26)表示为圆坐标系:

$$\frac{1}{r}\frac{\partial}{\partial r}\left(r\frac{\partial T}{\partial r}\right) + \frac{1}{r^2}\frac{\partial^2 T}{\partial \varphi^2} + \frac{\partial^2 T}{\partial z^2} = \frac{1}{\alpha}\frac{\partial T}{\partial \tau} \qquad (2-28)$$

直角坐标系与球面坐标系的相互关系为

$$\begin{cases} x = r\sin\varphi\cos\varphi \\ y = r\sin\varphi\cos\varphi \\ z = r\cos\varphi \end{cases} \qquad (2-29)$$

式(2-26)在球坐标系中可表示为

$$\frac{1}{r^2}\frac{\partial}{\partial r}\left(r^2\frac{\partial T}{\partial r}\right) + \frac{1}{r^2}\frac{1}{\sin^2\varphi}\frac{\partial^2 T}{\partial \varphi^2} + \frac{1}{r^2}\frac{1}{\sin\varphi}\left(\sin\varphi\frac{\partial T}{\partial \varphi}\right) = \frac{1}{\alpha}\frac{\partial T}{\partial \tau} \qquad (2-30)$$

温度梯度仅在半径方向存在,因此,式(2-28)可简写为

$$\frac{1}{r}\frac{\partial}{\partial r}\left(r\frac{\partial T}{\partial r}\right) = \frac{1}{\alpha}\frac{\partial T}{\partial \tau} \qquad (2-31)$$

式(2-30)可简写为

$$\frac{1}{r^2}\frac{\partial}{\partial r}\left(r^2\frac{\partial T}{\partial r}\right) = \frac{1}{\alpha}\frac{\partial T}{\partial \tau} \qquad (2-32)$$

由式(2-31)和式(2-32),可以证明在三维空间中模型的最佳传感器的位置公式和一维杆相同。

时域范围内的最优测点公式为

$$r_{opt} = 0.563\ 2\sqrt{\alpha\Gamma} = 0.563\ 2\sqrt{\frac{k\Gamma}{\rho c}}$$

频域范围内最优测点公式为

$$r_{opt} = \frac{\pi^2\alpha}{8\omega} = \frac{\pi^2 k}{8\rho c\omega}$$

时、频域的最优测点公式说明,三维空间中的最优传感器位置和一维杆上最优传感器位置相同。这说明在三维空间中,测点的布置可以和一维杆上测点布置的方式一致,一维杆的理论分析及验证可应用到机床上。

2.4 一维杆最佳测点试验分析

为了验证上述理论分析的结论,设计如图 2-6 所示的试验系统,试验采用材质为 GCr15SiMn 的钢棒作为一维杆,长度为 1 000 mm,钢棒一端固定在工作台上,一端自由;在金属棒的左端加热,使用 JY-260 型温控器控制加热圈对一端进行加热控制,采用磁吸式温度传感器(PT100HS100TTC 型,测量精度±0.2℃)测量温度,在钢棒的右端安装一个电涡流传

感器测量棒的轴向变形量,数据采集仪型号为 MPS-010602,试验部件如图 2-7 所示。

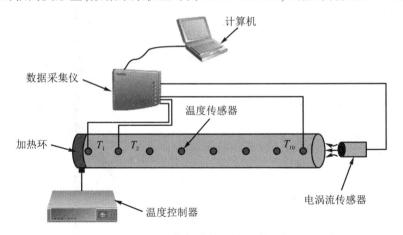

图 2-6　一维杆试验系统组成示意

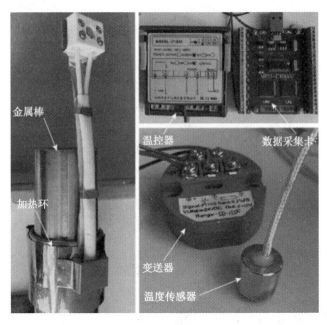

图 2-7　一维杆试验部件

试验时,热源强度分别选择 1 200 W/m² 、1 000 W/m² 和 700 W/m²;升温 1 h,降温 2 h,选择距离热源 25 mm(T_1)、160 mm(T_3)和 240 mm(T_4)为温度测点,测得温度和热变形间的关系曲线如图 2-8 所示。

从图 2-8 与图 2-4 对比可知,理论计算和试验结果基本吻合。略微不同的是,图 2-8(b)中的温度-热变形曲线的线性度比图 2-4(b)中曲线的线性度差。然而,试验中,如果将 160 mm 处温度传感器移动到 180 mm 处,所得温度-热变形曲线与图 2-4(b)中的曲线形状基本一致。上述现象说明:试验中加热圈和金属棒之间接触热阻等因素会对线性测点的位置产生影响。因此,在工程实际中,由于机床的结构和结合面接触关系非常复杂,要确定线性测点的准确位置是很困难的。

因此,是否可以根据温度-热变形曲线的凹凸性,将曲线凹的分为一类,凸的分为另一类,使用这两类测点的特征信息表达线性测点的温度特征,从而构建高精度和强鲁棒性的热误差预测模型呢?下一节对此问题进行证明。

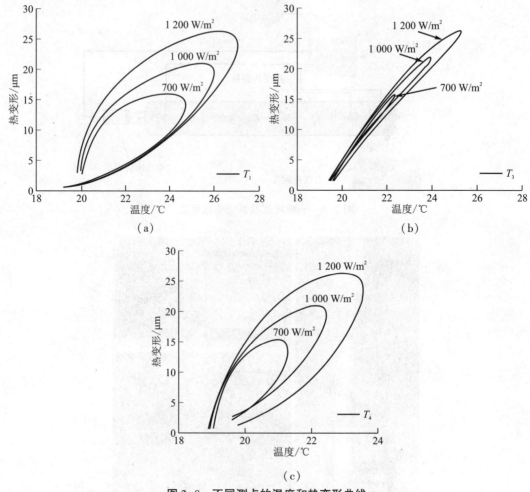

图 2-8　不同测点的温度和热变形曲线

2.5　最优温度特征变量的构建

2.5.1　构建虚拟最佳测点的可行性分析

将测点的凹凸特性用数学语言可表达为:假设对 $f_1(x)$ 求二阶导数值小于零,对 $f_2(x)$ 求二阶导数大于零,试图将 $f_1(x)$ 和 $f_2(x)$ 的加权线性叠加,使得 $f(x)$ 二阶导数为零,如图 2-9 所示[56]。

证明:首先,假设存在着 $f(x)$ 的二阶导数。

如果函数 $f(x)$ 二阶导数可以通过 $f_1(x)$ 和 $f_2(x)$ 加权线性叠加构造,即

$$f(x) = af_1(x) + bf_2(x) \qquad (2-33)$$

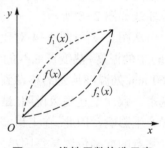

图 2-9　线性函数构造示意

式中，a，b 为加权系数，并且 a 与 b 之和为 1。

对式（2-33）两边求二阶导数，并令 $f''(x) = 0$，得到

$$af_1''(x) + bf_2''(x) = 0 \qquad (2-34)$$

已知 $f_1''(x) < 0$，$f_2''(x) > 0$，$a + b = 1$，则

$$a = \frac{f_2''(x)}{f_2''(x) - f_1''(x)} \qquad (2-35)$$

考虑到 $f_1(x)$ 和 $f_2(x)$ 的二阶导数互为相反数，则式（2-35）的分母不为零，证明可行。假如按照式（2-35）构建加权系数，加权函数可以为线性。

上述证明说明，可以通过温度-热伸长曲线呈现凸和凹特征的两个温测点构造一个虚拟温度测点。通过温度-热伸长曲线可以将凸和凹两类测点进行分类，如果把已经分类的点进行相关分析，选择相关性大的点作为自变量建模，那么会导致其他测点的有效成分被忽略而影响建模效果；如果所有点都用于建模，又会造成自变量过多影响模型的运算速度，而且测点间会产生多元共线性影响预测模型精度。因此，通过温度-热伸长曲线将凸和凹两类测点进行分类后，本书提出一种特征提取算法，此方法既可以对测点的有效成分进行提取，减少自变量的个数，又可以减少多元共线性对模型预测鲁棒性的影响。

2.5.2　基于特征提取算法的温度特征变量优化

特征提取是对测量数据进行变换，提取出几个关键特征，这些关键特征可以最大程度地表达原始数据的信息，此法可以起到降维和去除数据间相关性的作用。

2.5.2.1　特征提取算法

设定温度传感器采集的机床各热敏感点处温度变量为

$$\boldsymbol{X} = \begin{bmatrix} x_1 & x_2 & \cdots & x_p \end{bmatrix}^{\mathbf{T}} \qquad (2-36)$$

它的 n 组测量值表示为

$$\boldsymbol{x}_i = \begin{bmatrix} x_{i1} & x_{i2} & \cdots & x_{ip} \end{bmatrix}^{\mathbf{T}}, i = 1, 2, \cdots, n \qquad (2-37)$$

（1）样本矩阵的构造

$$\boldsymbol{X} = \begin{bmatrix} \boldsymbol{x}_1^{\mathbf{T}} \\ \boldsymbol{x}_2^{\mathbf{T}} \\ \vdots \\ \boldsymbol{x}_n^{\mathbf{T}} \end{bmatrix} = \begin{bmatrix} x_{11} & x_{12} & \cdots & x_{1p} \\ x_{21} & x_{22} & \cdots & x_{2p} \\ \vdots & \vdots & & \vdots \\ x_{n1} & x_{n2} & \cdots & x_{np} \end{bmatrix} \qquad (2-38)$$

式中，x_{ij} 表示第 i 组温度数据中的第 j 个变量的值。

（2）对样本阵 $\boldsymbol{X}$ 进行变换得 $\boldsymbol{Y} = \begin{bmatrix} y_{ij} \end{bmatrix}_{n \times p}$，其中

$$y_{ij} = \begin{cases} x_{ij} \\ -x_{ij} \end{cases} \qquad (2-39)$$

式中，x_{ij} 表示对正指标；$-x_{ij}$ 表示对逆指标。

（3）对 $\boldsymbol{Y}$ 做标准化变换得标准化阵

$$Z = \begin{bmatrix} z_1^{\mathbf{T}} \\ z_2^{\mathbf{T}} \\ \vdots \\ z_n^{\mathbf{T}} \end{bmatrix} = \begin{bmatrix} z_{11} & z_{12} & \cdots & z_{1p} \\ z_{21} & z_{22} & \cdots & z_{2p} \\ \vdots & \vdots & & \vdots \\ z_{n1} & z_{n2} & \cdots & z_{np} \end{bmatrix} \tag{2-40}$$

式中

$$z_{ij} = \frac{y_{ij} - \bar{y}_j}{s_j} \tag{2-41}$$

$\bar{y}_j, s_j$ 分别为 Y 矩阵中第 j 列的均值和标准差。

（4）计算标准化矩阵 Z 的样本关系数阵

$$\mathbf{R} = [r_{ij}]_{p \times p} = \frac{\mathbf{Z}^{\mathrm{T}} \mathbf{Z}}{n-1} \tag{2-42}$$

（5）求特征值

$$|\mathbf{R} - \alpha I_p| = 0 \tag{2-43}$$

解得 p 个特征值 $\alpha_1 \geqslant \alpha_2 \geqslant \cdots \geqslant \alpha_p \geqslant 0$。

（6）确定 m，使温度特征信息的覆盖率达到 85% 以上，确定方法为

$$\frac{\sum_{j=1}^{m} \alpha_j}{\sum_{j=1}^{p} \alpha_j} \geqslant 0.85 \tag{2-44}$$

对每个 $\alpha_j, j = 1, 2, \cdots, m$。解方程组 $Rb = \alpha_j b$，单位特征向量可表示为

$$b_j^0 = \frac{b_j}{\| b_j \|}$$

（7）计算满足式（2-43）所对应的单位化特征向量 $k_i, i = 1, 2, \cdots, m$。

（8）得到 X 的第 i 个样本特征为 $u_i = k_i X$，那么，经特征优化得到的特征变量为

$$U = \begin{bmatrix} u_1 & u_2 & \cdots & u_m \end{bmatrix}^{\mathrm{T}}$$

2.5.2.2 最佳测点温度变量权值的确定

借助特征变量优化，在两类温度中提取两个温度特征变量，最终通过这两个特征变量线性叠加得到某个与热变形量呈近似线性关系的综合特征变量。通过约束优化可以将上述问题求解：

$$\begin{cases} \mathrm{Max}(\mathrm{corcoef}(T, E)) \\ \mathrm{s.t.} T = a \cdot T_a + b \cdot T_b \\ a + b = 1 \\ a \geqslant 0, b \geqslant 0 \end{cases} \tag{2-45}$$

式中，coecoef( ) 为相关函数，T 为综合温度特征变量，E 为热变形值，T_a, T_b 为经过特征提取算法后得到的特征提取温度值，a, b 为变量系数。

通过式（2-45），使用拉格朗日函数，可以求得变量系数 a, b。

2.5.2.3　最优温度变量的构建流程

最优特征温度的构建流程如图 2-10 所示。第一步进行机床的热误差试验,得到温度序列和热误差序列;第二步,根据温度-热变形曲线的凹凸性对测点进行分类;第三步,通过特征提取算法提取能表达凸凹性质的温度特征;第四步,构建最优温度特征变量。

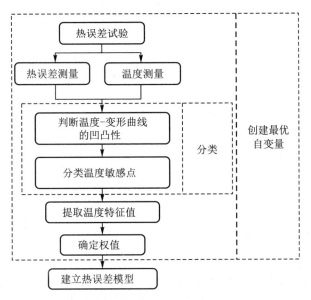

图 2-10　最优温度变量的建模过程

2.6　最优温度特征变量的效果验证

为了验证温度特征变量的有效性,采用图 2-6 所示的试验系统,选取热源强度为 1 000 W/m² 时的温度和热变形数据。考虑到 160 mm 处测点与热变形的线性关系最好,如果构造的特征变量与热变形的线性好于 200 mm 位置上测点与热伸长的相关系数,证明此方法有效。

首先根据温度-热变形曲线的凹凸性,将 $T_1 \sim T_4$ 分为一类,$T_5 \sim T_{10}$ 分为第二类;采用特征提取算法,得到 $T_1 \sim T_4$ 的综合特征变量为

$$T_a = 0.375T_1 + 0.089T_2 + 0.101T_3 + 0.215T_4 \tag{2-46}$$

同理,$T_5 \sim T_{10}$ 温度的综合特征变量为

$$T_b = 0.117T_5 + 0.026T_6 + 0.159T_7 + 0.213T_8 + 0.052T_9 + 0.097T_{10} \tag{2-47}$$

通过式(2-45)得到综合温度特征变量的两个系数,T_a 的系数为 0.379,T_b 的系数为 0.621。因此,最优自变量的表达式为

$$T = 0.379T_a + 0.621T_b \tag{2-48}$$

通过一维杆试验装置的温度-热变形数据,可绘制最优特征温度 T 及测点 T_4 的温度-热变形曲线,如图 2-11 所示,显然最优特征温度 T 与热变形的线性关系比任何测点都好,由此说明了该方法的有效性。

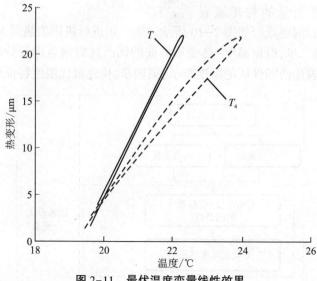

图 2-11　最优温度变量线性效果

2.7　温度传感器布局方法

上述试验已经说明了构造线性测点的有效性。既然能通过一维杆上线性测点附近的温度序列来构建线性测点,说明沿变形方向轴线布置温度测点是可行的。同时,在三维空间中,通过最佳测点时频域公式分析,最佳测点与维数没有函数关系。一维杆上测点可以沿变形轴线方向布局,那么在实际机床上,也可以沿变形的轴线方向布局温度传感器来构建最佳测点。因此,提出一种沿变形方向温度传感器布置方法,如图 2-12 所示。此方法可沿变形方向的中轴线布置传感器,布置范围为距离热源 500 mm 内,温度传感器间距为 100～150 mm。这种方法克服了传统经验布置法时无序布置及传感器布置量大的缺点。

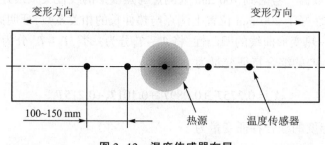

图 2-12　温度传感器布局

2.8　最优温度变量模型的效果验证

为了验证提出方法建立的热误差预测模型的有效性,根据数控机床热误差测量标准《Test code for machine tools—Part 3：Determination of thermal effects》(ISO 23-03-2020),在一台数控磨齿机床上进行试验,在不同的工况和季节进行了 5 组数控机床的热误差测试。根据试验获得的温度和热误差数据,构建热误差模型,与模糊聚类灰相关理论优化测点模型进行了比较,分析模型的预测精度及鲁棒性。

2.8.1 试验系统设计

以一台数控磨齿机的进给系统为试验平台,机床结构如图 2-13 所示,X、Y、Z 的最大进给尺寸分别为 1 500 mm、800 mm 和 1 200 mm,磨齿机床的砂轮主轴随进给轴运动,从而实现各方向的进给加工。温度传感器 $T_1 \sim T_{10}$ 被用于获取 X 轴进给系统的温度数据,温度传感器的安装位置如表 2-3 所示,温度传感器在机床中的布局如图 2-14 所示。RenishawXL-80 型激光干涉仪测量定位误差,激光干涉仪测头放置在被测部件上,共进行了 5 组进给轴的空载试验,每组的运行参数如表 2-4 所示。$C_1 \sim C_5$ 在 45 min 时测得的定位误差效果如图 2-15 所示。

图 2-13　测试机床结构图

表 2-3　温度传感器位置

位置	电动机	左轴承	右轴承
传感器编号	T_1,T_2	T_3,T_4,T_5,T_6	T_7,T_8,T_9,T_{10}

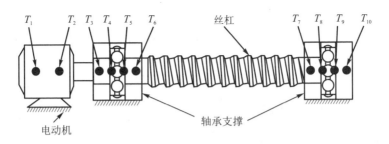

图 2-14　进给系统温度传感器布局

表 2-4　试验参数

类别	C_1	C_2	C_3	C_4	C_5
进给速度/(m/min)	1	1	5	5	10
环境温度/℃	7.3~10.6	12.5~16.8	14.7~19.3	17.3~22.6	19.5~24.6

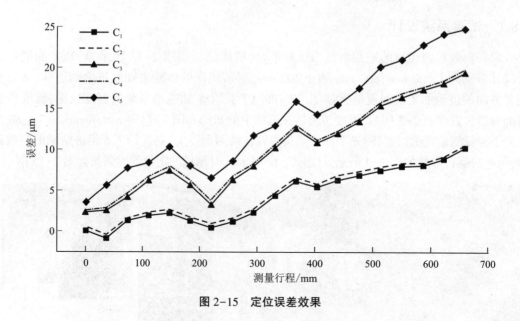

图 2-15　定位误差效果

2.8.2　热误差建模试验分析

用 C_3 的温度数据和定位误差数据进行建模,使用 C_1,C_2,C_4 和 C_5 的数据验证模型的预测精度及鲁棒性。

2.8.2.1　测点综合特征提取热误差建模

在滚珠丝杠进给系统中,把电动机和左轴承考虑为一个热源,用 $T_1 \sim T_6$ 测量;右轴承为另一热源用 $T_7 \sim T_{10}$ 测量。针对 $T_1 \sim T_6$ 得到两个特征自变量 T_{a1} 和 T_{b1}:

$$T_{a1} = 0.253T_1 + 0.201T_2 + 0.135T_3$$
$$T_{b1} = 0.219T_4 + 0.136T_5 + 0.21T_6$$

根据公式(2-45)可得最优自变量:

$$T_{ab1} = 0.142T_{a1} + 0.527T_{b1} \qquad (2-49)$$

同理可得

$$T_{a2} = 0.321T_7 + 0.647T_{10}$$
$$T_{b2} = 0.218T_8 + 0.536T_9$$
$$T_{ab2} = 0.263T_{a2} + 0.527T_{b2} \qquad (2-50)$$

根据进给系统综合误差建模理论[18, 19]可得

$$\begin{aligned} E_1 = {}& (2.58 + 0.056P_x - 2.53P_x^2 + 2.32 \times 10^{-6}P_x^3 - 2.56 \times 10^{-9}P_x^4) + \\ & (-1.35 + 0.213T_{ab1} + 0.043T_{ab2}) \times (P_x - P_0) \end{aligned} \qquad (2-51)$$

式(2-51)为进给系统热误差预测模型,其中 T_{ab1} 和 T_{ab2} 由式(2-49)、式(2-51)得到,其中 P_x 为机床所在位置的 X 轴坐标,P_0 为 X 轴机床坐标零点。

2.8.2.2　模糊聚类测点优化建模

根据模糊聚类和灰相关理论,从 $T_1 \sim T_{10}$ 中筛选出 T_1,T_5,T_7,T_{10} 为建模的温度变量,同样

使用进给系统综合误差建模理论得

$$
\begin{aligned}
E_2 =\ & (2.26+0.259P_x+0.867P_x^2+3.142\times10^{-6}P_x^3-2.82\times10^{-9}P_x^4)+ \\
& (2.33-0.513T_1+0.238T_5+0.416T_7+0.165T_{10})\times(P_x-P_0)
\end{aligned} \tag{2-52}
$$

把最优自变量模型和模糊聚类灰相关模型分别用 Model Ⅰ 和 Model Ⅱ 表示。

2.8.2.3 Model Ⅰ 和 Model Ⅱ 的精度比较

利用上一节中建立的最优自变量模型(Model Ⅰ)和模糊聚类灰相关模型(Model Ⅱ)预测 C_1, C_2, C_4 和 C_5 的数据,从而验证模型的预测精度及鲁棒性。

根据 C_3 工况的试验数据,最优自变量模型(Model Ⅰ)和模糊聚类灰相关模型(Model Ⅱ)被创建。使用 Model Ⅰ 和 Model Ⅱ 分别对 C_1, C_2, C_4 和 C_5 四种工况进行预测,效果如图 2-16 所示,图 2-16 为 X 轴正向运行时模型的预测效果图。在所有工况中,C_1 工况的预测效果如图 2-16(a)所示,C_2 工况的预测效果如图 2-16(b)所示,C_4 工况的预测效果如图 2-16(c)所示,C_5 工况的预测效果如图 2-16(d)所示。

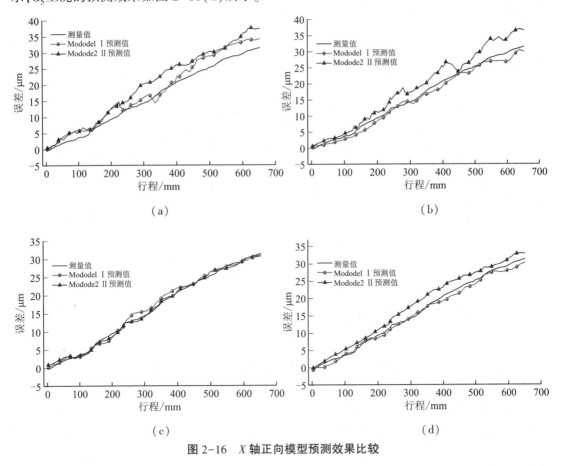

图 2-16 X 轴正向模型预测效果比较

图 2-17(a)、(b)、(c)、(d)为 Model Ⅰ 和 Model Ⅱ 分别对 C_1, C_2, C_4 和 C_5 四种工况进行预测时的残差图。

表 2-5 为 X 轴正向运行时,Model Ⅰ 和 Model Ⅱ 模型分别对 C_1, C_2, C_4 和 C_5 四种工况进行预测时的标准差、最大残差和残差平方和统计数据。

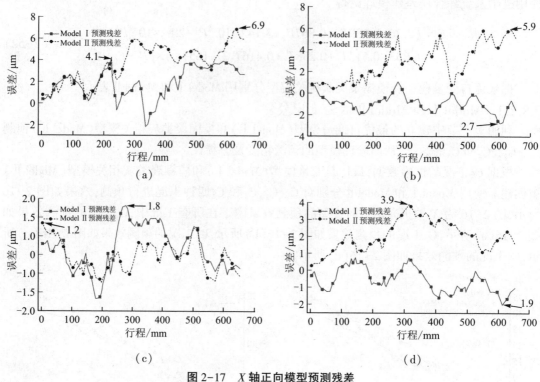

图 2-17 X 轴正向模型预测残差

表 2-5 Model Ⅰ 和 Model Ⅱ 的预测效果(X 正向)

	标准差/μm		最大残差/μm		残差平方和/μm²	
	Model Ⅰ	Model Ⅱ	Model Ⅰ	Model Ⅱ	Model Ⅰ	Model Ⅱ
C_1	2.4	4	4.1	6.9	463	1382
C_2	1.1	3.2	2.7	5.9	107	858
C_4	0.9	0.5	1.8	1.2	64	22
C_5	0.9	2.3	1.9	3.9	64	422

由图 2-16(c)、图 2-17(c)和表 2-5 可知,由于建模工况 C_3 与预测工况 C_4 非常相似,因此,在预测 C_4 工况时,Model Ⅰ 和 Model Ⅱ 的预测效果都非常好。Model Ⅱ 甚至比 Model Ⅰ 的预测精度更好。

然而,由图 2-16(a)、(b)、(d),图 2-17(a)、(b)、(d)和表 2-5 分析可知,在 C_1、C_2 和 C_5 工况时,预测工况与建模工况差异较大,Model Ⅰ 的预测精度虽然也略微下降,但鲁棒性依然很好,而 Model Ⅱ 的预测效果却变得非常差。Model Ⅰ 与 Model Ⅱ 相比,标准差最少下降了 40%,最大残差最少下降了 2.8 μm。

图 2-18 为 X 轴负向运行时模型的预测效果图,C_1、C_2、C_4 和 C_5 工况的预测效果分别如图 2-18(a)、(b)、(c)和(d)所示。

图 2-19 为 Model Ⅰ 和 Model Ⅱ 分别对 C_1,C_2,C_4 和 C_5 四种工况下,X 轴负向进行预测时的残差图。

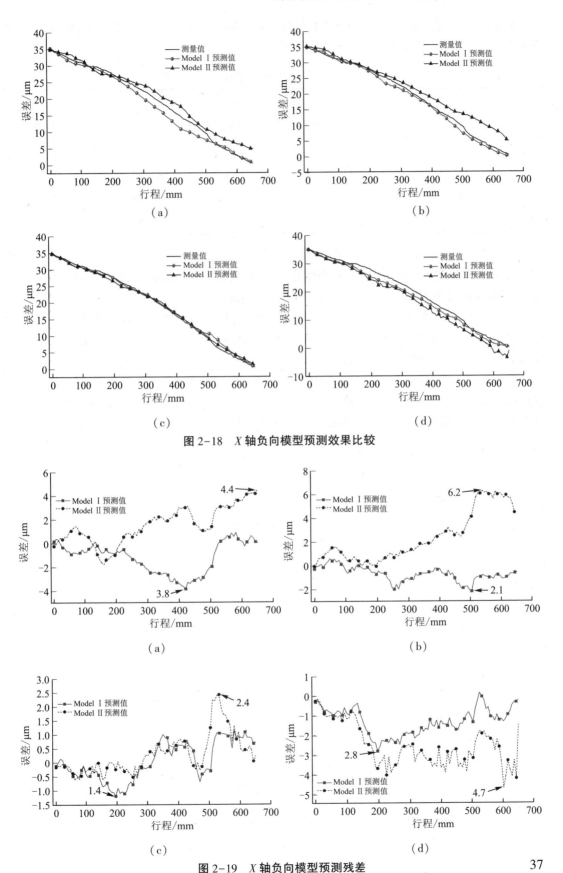

图 2-18 X 轴负向模型预测效果比较

图 2-19 X 轴负向模型预测残差

表 2-6 为 X 轴负向运行时，Model I 和 Model II 模型分别对 C_1，C_2，C_4 和 C_5 四种工况进行预测时的标准差、最大残差和残差平方和统计数据。

表 2-6　Model I 和 Model II 的预测效果(X 反向)

	标准差/μm		最大残差/μm		残差平方和/μm^2	
	Model I	Model II	Model I	Model II	Model I	Model II
C_1	1.7	2.1	3.8	4.4	296	419
C_2	0.9	3.1	2.1	6.2	84	922
C_4	0.72	0.76	1.4	2.4	49	54
C_5	1.5	2.8	2.8	4.7	203	724

由图 2-18(a)、(b)、(c)、(d)，图 2-19(a)、(b)、(c)、(d)和表 2-6 分析可知，预测工况与建模工况差异较大，Model I 的预测精度和鲁棒性都好于 Model II，标准差最少下降了20%，最大残差最多下降了 4.1 μm，最少下降了 0.6 μm。

上述分析说明，当建模工况与预测工况差异很小时，采用模糊聚类灰相关预测模型可以得到非常好的预测效果。但如果加工时的工况与建模时工况差异非常大，选用本书提出的模型则可以得到高的预测精度和强的鲁棒性。

综上所述，在试验的数控磨齿机床进给系统上，当工况发生变化时，使用本文提出的测点布置方法和温度变量构造方法建立的热误差模型可以得到较好的预测效果，提出方法为温度传感器的布置及优化的工程应用提供了一个参考。

数控磨齿机床进给系统热误差测量及建模

3.1 引言

建立高鲁棒性和高精度热误差模型时,除了选择与热变形密切相关的测温点和优化建模自变量外,选择能适应实际工况的方法建立热误差模型也尤为重要。

早期的热误差建模方法主要通过空载试验数据映射温度和热误差之间的关系[73]。一旦这种模型创建完成,它将被用于任何工况下的热误差预测。然而,研究[76, 84, 129, 189, 190]发现,机床上不同的运行工况,使得机床各运行部件的温升差异较大,再加上机床部件结构、结合面等差异,从而导致热误差的变化趋势也不完全相同。因而,通过单一工况的热变形试验建立的模型,在预测各种不同工况下的热误差时,很难达到人们期望的预测精度。因此,热误差建模不仅要考虑温度和热误差之间的映射关系,还要特别注意工况这一重要的影响因素。目前的文献在解决工况这一影响因素时,主流思路是构建一种普适模型。为了适应工况差异,本章基于不同工况分类建立误差模型,然后通过一个温度分类器将不同工况的温度分类到对应工况的误差模型中,从而实现分类预测。

根据上述分析,提出一种基于贝叶斯网络分类器综合误差模型。模型分为两个部分:一是贝叶斯分类器,分类器基于贝叶斯网络原理构建,实现不同工况下温度数据的分类;二是定位误差模型,该模型实现对应工况误差预测。将进给系统的定位误差分为几何误差和热误差两部分建模,且按工况分别建立预测模型。最终,通过分类器将温度数据按工况分类到对应的定位误差模型中实现分工况精细预测。

此外,进给系统的热误差很难单独测量,目前较为成熟的方法是通过激光干涉仪测量定位误差,再通过定位误差分离热误差,从而实现热误差的建模补偿,因此对于进给系统热误差补偿而言,误差的测量和分离也是其实现误差补偿的关键。

3.2 进给系统误差数据的采集

数控机床进给轴的定位误差由两部分组成:一是几何基准误差,其仅与进给丝杠所处的工作位置相关,这部分误差主要与组成进给系统各组成部件的制造、装配精度以及这些部件的静态变形等因素相关,而温度场的变化对其影响甚微,归属静态误差;二是热误差,这部分误差由机床运动过程中零部件的温度场变化引起,是进给系统的位置偏差,这部分误差属于动态误差。目前,进给轴定位误差测量方法中,最有效的是采用激光干涉仪测量,这种测量方法测得的数据中既包含几何基准误差又包含热误差。

3.2.1　进给系统热误差测量

数控机床进给系统与电主轴系统的热特性很相似,但就测量而言,无论温度的测量还是热变形的测量,进给系统都较主轴系统复杂。首先,进给轴的热误差与运动轴所在的位置相关,一般的位移传感器很难直接测得其相应位置上的热误差。其次,这种热误差变化非常微小,一般的测量设备很难完成精确测量。

根据上述分析,选用激光干涉仪对数控磨齿机进给系统的热误差进行测量,激光干涉仪的测量布局如图 3-1 所示。激光干涉仪无法直接测量其进给轴的热误差,仅能通过先测量机床的定位误差,再采用误差分离方法将定位误差分解为几何误差和热误差。

图 3-1　激光干涉仪测量布局

基于上述分析,将进给系统的误差分解为两部分:

$$E = E_g + E_t \tag{3-1}$$

式中,E 表示进给系统的整体误差,E_g 表示进给系统的几何误差,E_t 表示进给系统的热误差。

激光干涉仪对数控磨床进给轴的定位误差测量时,选择线性测长方式。测量时需要注意以下两点:

(1)测点设置。测点设置方式如图 3-2 所示,分别为 P_0,P_1,$\cdots$,P_{10}。11 个测点在进给轴的测量范围内等间距设置,测点间距离根据进给轴的范围做适当调整,测量的起点坐标为 P_0,终点坐标为 P_{10}。

(2)避免滚珠丝杠反向间隙影响测量精度。为了避免滚珠丝杠的反向间隙影响进给系统定位误差的测量,需要在 P_0 的左侧和 P_{10} 的右侧分别设置越程量。

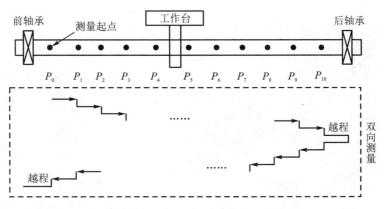

图 3-2　进给轴测量方式

此外,在机床未连续运行前,对冷态下测点的误差进行测量,然后测量发热后各测点的误差值。每个测点测量时,需要运动轴暂停一段时间,通常设置为 3~5 s。每个测量阶段进行双向测量(图 3-2)两次。测量时,X 轴和 Z 轴都设置 11 个测点,测量行程 X 轴为660 mm,Z 轴为 400 mm,两端越程量设置为 5 mm。图 3-3 所示为进给轴的误差和温度测量界面,图 3-3(a)所示为定位误差采集的设置界面,图 3-3(b)所示为进给轴温度采集界面。

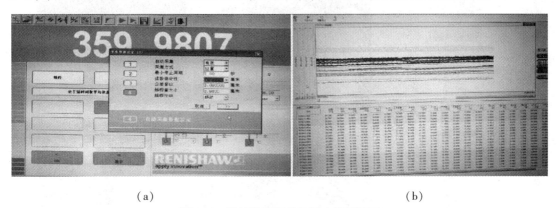

（a）　　　　　　　　　　　　　　　　（b）

图 3-3　进给轴的误差和温度测量界面

3.2.2　进给系统温度数据采集

进给系统的主要热源为电动机、丝杠的前后轴承和丝杠螺母副。由于丝杠受螺母运动影响很难布置接触式传感器,因此,仅在进给电动机、丝杠的前后轴承以及螺母上布置温度传感器,考虑到导轨的温度变化可能会影响测量结果,在左右导轨上分别放置一个温度传感器,温度传感器采用安利计器 E-type MG-24E-GW1-ANP,数据采集卡使用日置(HIOKI8423)多通道温度、电压数据采集仪。

由于 X 轴和 Z 轴进给系统结构有差异,传感器的布置有所不同。X 轴水平布局,丝杠两端均有支撑轴承;而 Z 轴只有丝杠上端有支撑轴承,下端自由无支撑轴承,如图 3-5(a)所示。X 轴和 Z 轴温度传感器布置的详细位置如图 3-4 和图 3-5(b)所示,温度传感器的具体安装位置见表 3-1 及表 3-2。

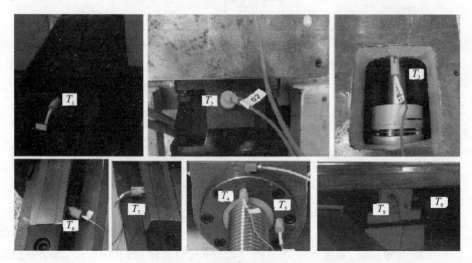

图 3-4 X 轴温度传感器布局

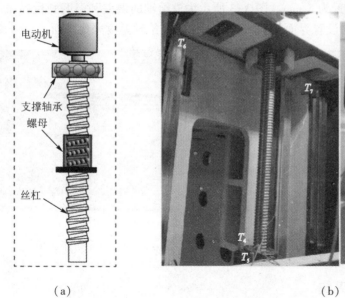

（a）

（b）

图 3-5 Z 轴温度传感器布局

表 3-1 X 轴温度传感器安装位置

编号	位置	编号	位置
T_1	X 轴电动机	T_2	电机轴承联接处
T_3	左端轴承	T_4	螺母 1
T_5	螺母 2	T_6	左导轨
T_7	右导轨	T_8	右轴承 1
T_9	右轴承 2	T_{10}	环境温度

表3-2　Z轴温度传感器安装位置

编号	位置	编号	位置
T_1	Z轴电动机	T_2	电动机轴承连接处
T_3	环境温度	T_4	螺母1
T_5	螺母2	T_6	左导轨
T_7	右导轨	—	—

3.3　误差建模方法

数控机床进给系统的热误差测量可以采用两种方式:一种是直接在丝杠活动端通过安装位移传感器测量丝杠的热伸长;另一种是通过激光干涉仪测量进给轴的定位误差,再通过误差分离方法,将进给系统的几何误差和热误差进行分离,从而得到热误差。第一种方法,测量的是丝杠末端的热伸长,这种热误差是丝杠的整体热伸长,在进行热误差补偿时,丝杠上对应位置的热变形很难计算,因此在热误差的建模和预测时很难应用。而第二种方法,虽然无法直接获得热误差,但通过定位误差曲线,可拟合出对应位置的热误差。因此,在测量时,选择使用激光干涉仪对进给系统误差进行测量,然后采用以下方法对几何误差和热误差建模,实现误差预测。

图3-6为0 min(冷态)、30 min、60 min、90 min和120 min时,进给系统的定位误差曲线。由图3-6可见,误差曲线的形状基本保持不变,而误差曲线的斜率随着机床运行时间的变化而变化。曲线呈现上述现象的原因如下:

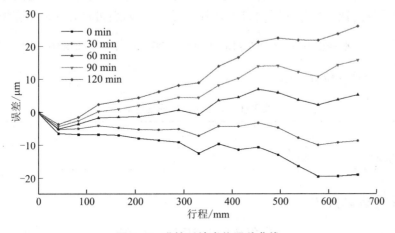

图3-6　进给系统定位误差曲线

(1)误差曲线的基本形状表达几何误差。进给系统的几何误差主要由滚珠丝杠等部件的加工和装配精度决定,当机床装配完成后,其几何误差就已基本确定,因此,曲线的形状不会发生较大变化。

(2)曲线的斜率由热变形引起。随着机床的运行,电动机、轴承和丝杠等部件都会不同程度发热,使丝杠产生热伸长。曲线的斜率变化正是因为随着进给系统部件的温度升高,其部件的热变形导致。

3.3.1 几何误差建模方法

为了获得几何误差的基准曲线,首先将图 3-6 中的 5 条误差曲线的一次拟合线斜率变为 0,即将误差曲线转至水平位置,求取每个测量点的平均值,重新绘制可得误差基准曲线,如图 3-7 所示。

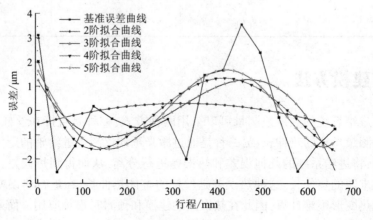

图 3-7　基准误差曲线拟合

为了建立基准曲线(几何误差)模型,可以采用一元 n 次多项式拟合基准曲线。图 3-7 中的拟合曲线分别为 2、3、4、5 阶多项式的拟合曲线。表 3-3 为不同阶数多项式拟合曲线的残差平方和统计表。由表 3-3 可知,随着多项式阶数的增加拟合曲线越接近基准曲线。但是多项式的阶数越高,则需要估计的参数越多,当样本量不多的情况下,多项式回归的效果并不理想。同时,阶数越高,模型的计算速度越慢,影响预测的及时性。因此,在选择拟合阶数时,应合理选择阶数。根据文献[191],选择一元四次拟合,可得到误差拟合模型如下:

$$E_g = 2.068 - 0.067P_x + 3.84 \times 10^{-4}P_x^2 - 7.29 \times 10^{-7}P_x^3 + 4.36 \times 10^{-10}P_x^4 \qquad (3-2)$$

式中,P_x 为 X 进给轴的位置坐标。

表 3-3　拟合曲线残差统计表

阶数	2	3	4	5
残差平方和/μm^2	54.607	38.203	34.356	32.833

3.3.2 热误差建模方法

从定位误差中分离热误差是综合误差模型鲁棒性的关键,前面已经分析过,定位误差曲线中热误差的影响主要体现在其斜率的变化。因此,应建立温度与斜率间变化的关系式来表征热误差。温度变量和斜率间关系模型的建立流程如图 3-8 所示。

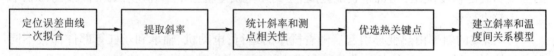

图 3-8　温度变量和斜率间关系模型的建立流程

首先,分别对图3-6中的5条定位误差曲线进行一次线性拟合,可得到式(3-3)所示的5条拟合直线方程

$$\begin{cases} L_1 = -2.97 - 0.024x \\ L_2 = -2.92 - 0.008x \\ L_3 = -3.34 + 0.014x \\ L_4 = -3.63 + 0.030x \\ L_5 = -4.06 + 0.047x \end{cases} \qquad (3-3)$$

式中,$L_1 \sim L_5$分别为图3-6中的0~120 min一次拟合直线,x为横坐标,拟合效果如图3-9所示。

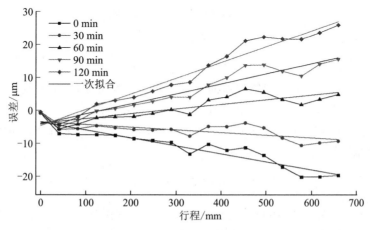

图3-9　定位误差线性拟合

由式(3-3)中的公式可以提取出$L_1 \sim L_5$的拟合直线斜率,同时,对应提取相应时刻的温度值,如表3-4所示。

根据表3-4中的数据,通过计算关键点的温度和一次拟合斜率的相关性,可以优选出对X轴热误差影响最大的温度测点,用选出的关键点建立斜率和关键点间的预测模型。

表3-4　斜率和温度统计表

温升时间	一次拟合斜率	温度 $T/℃$		
t/min	α	螺母1	左轴承	导轨
0	−0.024	25.98	26.56	26.32
30	−0.008	27.31	29.63	26.68
60	0.014	28.92	32.35	27.05
90	0.03	29.81	34.61	27.33
120	0.047	31.06	36.8	27.46

相关性统计如表3-5所示,根据此表可筛选出与斜率相关性最大的关键测点为左轴承和螺母1。

表 3-5　相关性统计表

相关性	斜率	螺母 1	左轴承	导轨
斜率	1.00	0.98	0.99	0.95
螺母 1	0.98	1.00	—	—
左轴承	0.99	—	1.00	—
导轨	0.95	—	—	1.00

为了将机床所处环境温度的影响降低,改善热误差预测模型的鲁棒性,建模变量选用左轴承温度和丝杠 1 温度相对环境温度的变化值,使用表 3-4 的数据可建立温度和斜率的关系模型,如式(3-4)所示:

$$\alpha = -0.032\,5 + 0.026\Delta t_x + 0.019\Delta t_1 \tag{3-4}$$

$$\Delta t_x = t_x - t_e \tag{3-5}$$

$$\Delta t_1 = t_1 - t_e \tag{3-6}$$

式(3-4)~(3-6)中,α 为定位误差曲线的斜率;Δt_x 为轴承的温度变化量;Δt_1 为螺母 1 的温度变化量;t_x 为左轴承温度;t_1 为螺母 1 的温度;t_e 为环境温度。

考虑到温度变化导致热误差发生变化,而误差曲线的斜率变化恰好是由温度变化引起。综上所述,进给系统热误差 E_t 可表示为

$$E_t = \alpha_j(T)(P_x - P_0) \tag{3-7}$$

式中,α_j 为第 j 条定位误差曲线的斜率;T 为建模关键点的温度标量;P_x 为 x 轴的坐标位置;P_0 为 x 轴的坐标起点。

得到 E_g 和 E_t 后,最终的定位误差模型 E 可用式(3-1)表示。

3.4　贝叶斯分类

贝叶斯分类是利用贝叶斯定理进行分类的一类算法的总称。贝叶斯分类以其较高的分类准确性,在众多的算法中占有重要地位。目前,贝叶斯分类已应用在信息过滤[192]、图像处理及分类[193, 194]、故障诊断[195, 196]等领域。

3.4.1　贝叶斯网络

贝叶斯网络(Bayesian network, BN)常称为信度网络,把贝叶斯公式作为计算概率的基础,是一种表达图形元素间概率关系的图形化网络。贝叶斯网络能在不完整的、有限的、不确定的信息条件下进行推理和学习。当前,贝叶斯网络是解决不确定性推理和表达领域最有效的理论模型之一。

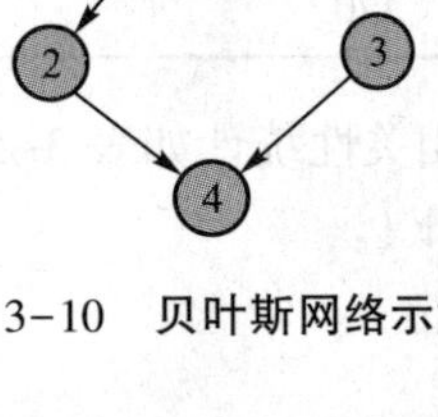

贝叶斯网络是一个有向无环图,由代表现实世界中因果关系的节点和许多连接因果节点的有向边构成,如图 3-10 所示。图 3-10 中,1、2、3 和 4 代表有因果关系的节点(代表变量),箭头代表有向边。在确定某个领域中不同变量间的因果关系时,领域中专家的经验起到了至关重要的作用。如

图 3-10　贝叶斯网络示意

果任意两个节点间有因果关系,那么,有向边直接由代表原因的节点指向代表结果的节点,也称为由父节点指向子节点。

3.4.2 贝叶斯网络分类器

贝叶斯网络分类器(Bayesian network classifier,BNC)是使用贝叶斯网络的原理构建一个具有自动分类功能的模型。构建模型有两个关键问题:一是建立模型的网络结构 S;二是确定父节点和子节点之间的条件概率 P。

1.确定模型的网络结构 S

确定模型的网络结构有两种方式:一是通过数据学习的方式自动确定;二是通过领域专家的经验确定变量之间的连接关系。目前最常用的方式是第二种。

2.确定局部概率分布 P

局部概率分布 P 中的元素可表示为 $p(X_i|Pa_i)$,由概率的链规则得

$$p(X) = \prod_{i=1}^{n} p(X_i|X_1, X_2, \cdots, X_{i-1}) \tag{3-8}$$

式中,X_i 表示变量,$X = \{X_1, X_2, \cdots, X_n\}$,$Pa_i$ 表示网络结构 S 中节点 X_i 的父节点。

对于任意变量 X_i 一定存在一个最小子集 $\pi_i \subseteq \{X_1, X_2, \cdots, X_{i-1}\}$,满足

$$p(X_i|X_1, X_2, \cdots, X_{i-1}) = p(X_i|\pi_i) \tag{3-9}$$

式中,π_i 中的变量为节点 X_i 的父节点,因此,可以将上式表示为

$$p(X) = \prod_{i=1}^{n} p(X_i|p_{a_i}) \tag{3-10}$$

通过确定模型的网络结构 S 和局部概率分布 P 就可以构建贝叶斯网络分类器。BNC 的构建过程如图 3-11 所示。首先,通过专家经验或训练数据确定 BNC 的网络结构 S,在温度数据分类中,通过专家经验确定部件间的热传递关系,通过箭头连接传递元件的形式确定网络结构;其次,通过不同工况下的温度数据训练 BNC 的概率分布参数 P,从而获得 BNC;最后,输入需要分类的数据完成分类。

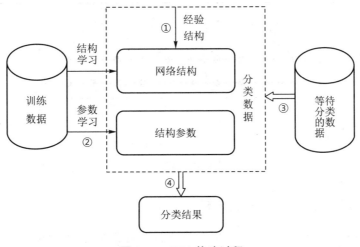

图 3-11 BNC 构建过程

3.5 变工况对预测精度的影响

3.5.1 变工况试验设计

根据数控机床热误差测量标准《Test code for machine tools—Part3：Determination of thermal effects》(ISO 23-03-2020)设计试验。为了对比不同工况对数控机床进给系统热误差的影响，不同的运行参数被选择，具体参数如表3-6所示。根据激光干涉仪的测量特性，测量循环如图3-12所示。根据3.3节的内容，测试循环单边设置11个测点，均匀分配测量间隔。整个测量过程包括正向和反向测量两个部分。考虑到进给系统运行过程中存在反向间隙，为了避免反向间隙影响测量结果，在正向和反向循环的末端增加了超程。X轴的运动起点设置为激光干涉仪的测量起点。激光干涉仪不测量时，机床按表3-6中试验参数连续运行；当激光干涉仪测量时，运动部件按图3-12所示的测点停止，每个测点停止3 s，等待激光干涉仪测量。

表3-6　试验运行参数

工况	行程/ mm	进给速度/ (mm/min)	快速返回/ (mm/min)	工况	行程/ mm	进给速度/ (mm/min)	快速返回/ (mm/min)
Test 1	200	1 000	10 000	Test 7	600	1 000	10 000
Test 2	200	2 000	10 000	Test 8	600	2 000	10 000
Test 3	200	3 000	10 000	Test 9	600	3 000	10 000
Test 4	400	1 000	10 000	Test 10	200/400/600	1 000	10 000
Test 5	400	2 000	10 000	Test 11	200/400/600	2 000	10 000
Test 6	400	3 000	10 000	Test 12	200/400/600	3 000	10 000

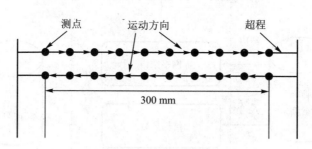

图3-12　测量循环

3.5.2 工况变化对温度场的影响分析

根据表3-6中的工况Test 1~Test 9，分别进行了温度和定位误差采集。为了便于对比，将工况Test 1和Test 9的关键点的温度曲线图进行对比。图3-13(a)、(b)分别是工况Test 1和Test 9的温度曲线图。从图3-13可看出，当工况变化时测得关键点的温度存在明显差异。

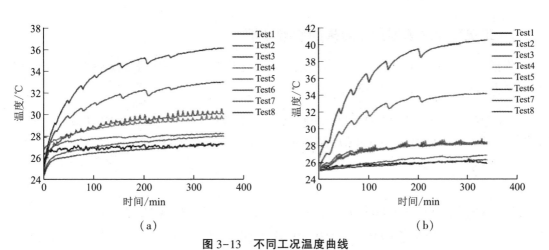

（a）

（b）

图3-13 不同工况温度曲线

图3-14（a）、（b）、（c）和（d）分别表示电动机、螺母、前轴承和环境在 Test 1 和 Test 9 工况下的温度曲线对比示意图。由图3-14可见，环境温度没有差异的情况下，当改变运行工况时测点温度差异较大。当进给速度增加时，电动机和前轴承温度都增加，但螺母的温度却降低了。其原因是转速增加电动机功率增大，导致电动机及与其相邻的轴承温升增加；而螺母的温升和丝杠的温度密切相关，当行程增大时，丝杠的散热时间变多，其温度反而降低，这是导致螺母温度降低的主要原因。通过上述分析发现，当工况差异时，各点温升无规律可循，很难用统一的模型预测各点的温升或由温升引起的热误差。

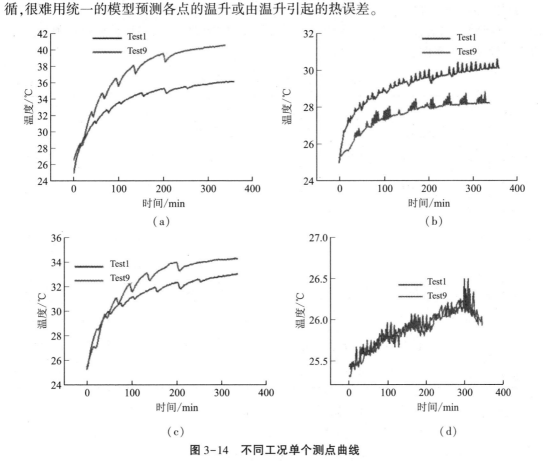

（a）

（b）

（c）

（d）

图3-14 不同工况单个测点曲线

3.5.3 工况变化对模型预测效果的影响分析

根据表 3-6 中的工况 Test 1~Test 9,采用公式(3-1)、式(3-2)和式(3-7)分别建立每种工况下的进给系统误差预测模型:

$$\begin{cases} E_1 = (1.516\ 2 + 0.069\ 7P_x - 5.796\ 3P_x^2 + 1.327\ 7 \times 10^{-6}P_x^3 - 2.913\ 7 \times 10^{-9}P_x^4) + \\ \qquad (-1.059\ 8 + 0.039\ 0T_1 + 0.004\ 7T_4 + 0.001T_6) \times (P_x - P_0) \\ E_2 = \cdots \\ \vdots \\ E_9 = (1.516\ 2 + 0.069\ 7P_x - 5.796\ 3P_x^2 + 1.327\ 7 \times 10^{-6}P_x^3 - 2.913\ 7 \times 10^{-9}P_x^4) + \\ \qquad (-1.092\ 5 + 0.083\ 1T_1 + 0.001\ 5T_4 + 0.001\ 0T_6) \times (P_x - P_0) \end{cases} \quad (3-11)$$

式中,E_i 表示第 i 种工况对应的进给系统误差预测值。

式(3-11)使用工况 Test 1~Test 9 中的数据建模,上述公式的预测标准差如表 3-7 所示。在表 3-7 中,加粗的数据表示上述公式拟合的标准差,非加粗的数据表示预测标准差。

由表 3-7 可见,所有模型拟合标准差的变化范围是 1.02~2.71 μm。在这种情况下,由于拟合和预测的工况是一致的,因此精度较高。然而,预测标准差的范围是 1.31~19.77 μm,预测精度时高时低,即模型的鲁棒性较差。这说明,当工况变化小时,温度场和建模工况的温度场相似,热变形变化不大,模型预测精度高;当工况变化较大时,由于机床零件的接触热阻、零件形状等因素影响,使得机床的热误差有较强的非线性特征,传统模型很难预测,因此表现出较差的鲁棒性。

表 3-7 不同工况下模型的标准差 （单位: μm）

工况	预测模型								
	M1	M2	M3	M4	M5	M6	M7	M8	M9
Test 1	**2.12**	3.18	12.18	1.31	12.1	1.92	11.79	3.85	7.5
Test 2	2.98	**2.71**	4.31	12.19	17.13	18.78	9.81	13.56	7.82
Test 3	12.3	4.13	**1.12**	10.2	13.42	10.32	11.2	12.53	9.69
Test 4	13.1	13.52	3.82	**2.07**	3.2	18.1	2.34	13.61	8.54
Test 5	5.76	14.19	13.78	15.95	**1.32**	9.74	4.32	5.53	9.46
Test 6	10.5	19.4	7.81	13.23	17.86	**1.45**	11.27	5.13	8.96
Test 7	10.0	17.97	9.32	18.78	9.8	7.5	**2.22**	7.5	8.45
Test 8	7.9	19.11	16.97	15.61	1.53	5.37	13.45	**1.52**	7.97
Test 9	15.2	18.2	16.41	7.17	13.81	19.77	16.96	16.71	**1.02**

通过上述试验分析可以发现,如果模型没有考虑工况变化这一影响因素,模型的鲁棒性会受到一定程度的影响。为了改善这一现象,本节提出一种利用贝叶斯网络分类的综合误差模型,下一节将对模型的结构及构建方法进行分析。

3.6 基于贝叶斯网络分类的综合模型

3.6.1 综合模型结构

关键点的温度变化是影响机床热变形的主要因素。不同工况的差异往往也体现在关键点的温度上。因此,可以推断:在同种工况下,关键点的温度变化有其固定特征。根据这些特征,利用贝叶斯网络出色的分类能力可以将不同工况下的温度进行区分。假设每种工况都用对应工况下的温度和热误差数据建模,把对应工况的温度数据分类到相应模型中,那么模型在预测对应工况下产生的误差时,其鲁棒性应该表现非常好。

本节提出的综合模型正是基于上述考虑,利用贝叶斯网络对不同工况下的温度数据进行分类,然后将分类数据送入对应工况下的误差模型,期待提出模型能提升传统模型的预测精度和鲁棒性。

进给系统误差预测综合模型由贝叶斯网络分类器和一系列不同工况下建立的进给系统误差模型构成。误差预测综合模型工作流程如图 3-15 所示。首先,将采集到的温度数据输入到训练好的贝叶斯分类器,分类器可根据训练时的类型对温度数据进行分类,类别用 C_1,C_2,…,C_n 表示;分类好的温度数据会被送到根据不同工况建立的定位误差模型(PM_1,PM_2,…,PM_n)中,最终误差模型预测出误差。

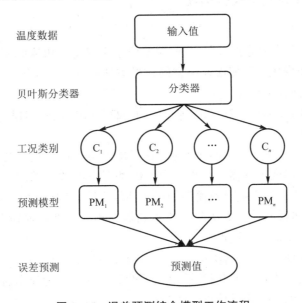

图 3-15 误差预测综合模型工作流程

根据工况的类型,上述模型利用贝叶斯网络分类器对温度数据进行划分,将温度数据送到对应工况类型建立的误差模型中进行误差预测,希望改变传统预测模型鲁棒性差的缺陷。

3.6.2 贝叶斯网络分类器的构建

构建贝叶斯网络分类器的关键在于两个部分:一是确定贝叶斯网络的结构,主要根据专家知识和经验确定变量及变量间的关系,绘制出有向图;二是确定图中变量的条件概率密度。

本试验中 BNC 的结构如图 3-16 所示,节点 C_n 代表工况的类别,T_i 代表关键点的温度变量。图 3-16 中,T_1 代表环境温度,由于环境温度的变化会对其它部件产生影响,因此,T_1 与所有关键点的温度变量间有因果关系,关键点都与 T_1 相连。图 3-16 中,T_6 代表电动机的温度,结构上,它与丝杠的前轴承间直接连接,会发生热传导,因此 T_6 与前轴承 T_3 之间也存在因果关系,所以,T_3 与 T_6 之间有箭头连接。图 3-16 中的贝叶斯网络结构根据专家知识和工程经验确定。

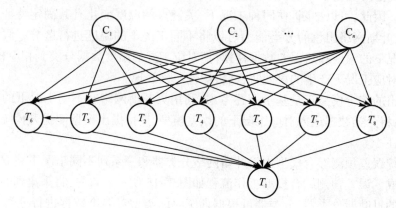

图 3-16　BNC 的网络结构

3.6.3　进给系统分类误差模型构建

3.6.3.1　几何误差模型

由 3.3 误差建模方法中分析可知,几何误差模型主要是由机床的制造和安装误差引起,几乎不随温度变化而变化。几何误差模型的建模方法在 3.3.1 中已经详细介绍过。采用一元四次拟合,可得几何误差模型:

$$E_g = 1.516\ 2 + 0.069\ 7P_x - 5.796\ 3P_x^2 + 1.327\ 7 \times 10^{-6}P_x^3 - 2.913\ 7 \times 10^{-9}P_x^4 \qquad (3-12)$$

3.6.3.2　热误差建模

(1)关键点优化。在热误差建模时,为了获得能反应机床温度变化的关键特征点,工程上往往会布置大量的温度传感器。如果把所有的测量点的数据都用于建模,不仅增加了成本,还会由于多元共线性的影响导致模型的预测精度下降。因此,对初始布局的温度测点进行筛选和优化,对于热误差补偿方法降低成本和提高预测精度就显得尤为重要。本章采用模糊聚类和相关分析来优化关键点。

根据模糊聚类原理,首先将各类中的温测点数据与进给系统的热误差做相关分析,再利用聚类原理将温测点分成相似的几类,选出相关性最大的点作为建模的自变量[197]。各温测点与进给系统热误差间相关系数计算公式为

$$r_{TX} = \frac{\sum (T_{mi} - \overline{T}_m)(X_i - \overline{X})}{\sqrt{\sum (T_{mi} - \overline{T}_m)^2}\sqrt{\sum (X_i - \overline{X})^2}} \qquad (3-13)$$

式中,$i = 1, 2, \cdots, n$,$j = n-1$,$i \neq j$;$\overline{T}_m = \dfrac{1}{n}\left(\sum\limits_{i=1}^{n} T_{mi}\right)$,$\overline{X} = \dfrac{1}{n}\left(\sum\limits_{i=1}^{n} X_i\right)$;$r_{TX}$ 是温测点与进给系统热误差间的相关系数;T_{mi} 是第 i 个温度样本的温度值,℃;$\overline{T}_m$ 是温度变量的平均值,℃;X_i 为第 i 个热误差的样本值,mm;$\overline{X}$ 是热误差的平均值,mm。

（2）热误差模型。根据 3.3.2 小节中热误差模型的构建方法,热误差建模过程如下:

首先,求解 8 条定位误差曲线的一次拟合方程:

$$\begin{cases} L_0 = 2.885 + 0.085\ 6x \\ L_1 = 6.023 + 0.097\ 3x \\ L_2 = 9.268 + 0.108\ 9x \\ L_3 = 12.495 + 0.119\ 6x \\ L_4 = 15.731 + 0.131\ 0x \\ L_5 = 18.870 + 0.141\ 3x \\ L_6 = 22.215 + 0.152\ 7x \\ L_7 = 23.485 + 0.146\ 4x \end{cases} \tag{3-14}$$

式中,$L_0 \sim L_7$ 为测得 0~250 min 定位误差曲线的拟合直线。

拟合线的斜率和对应时刻的温度测量值如表 3-8 所示,为了筛选出与热误差变化最相关的测点,计算出测点的相关系数如表 3-9 所示。

表 3-8　斜率和对应时刻温度数据表

测量时间/min	斜率	$T_1/℃$	$T_3/℃$	$T_4/℃$	$T_{10}/℃$	$T_7/℃$
0	0.085 61	25.42	24.9	25.12	25.3	25.01
20	0.097 34	27.73	26.48	25.6	25.5	25.15
40	0.108 95	30.9	28.61	26.33	25.6	25.33
70	0.119 64	35.46	31.35	27.28	25.7	25.57
100	0.131 04	36.88	32.38	27.61	25.8	25.65
150	0.141 38	39.11	33.61	28.03	25.9	25.93
200	0.152 78	39.87	33.83	28.21	25.94	26.01
250	0.146 46	40.68	34.32	28.35	26.03	26.41

表 3-9　相关性统计表

相关性	斜率	T_1	T_3	T_4	T_{10}	T_7
斜率	1	0.984 65	0.980 62	0.984 02	0.981 17	0.942 4
T_6	0.984 65	1	0.999 01	0.999 79	0.984 07	0.950 54
T_3	0.980 62	0.999 01	1	0.999 47	0.981 79	0.939 59
T_4	0.984 02	0.999 79	0.999 47	1	0.982 54	0.945 73
T_1	0.981 17	0.984 07	0.981 79	0.982 54	1	0.968 09
T_7	0.942 4	0.950 54	0.939 59	0.945 73	0.968 09	1

根据表 3-9 中的相关系数,相关性的排序为 $T_1 > T_4 > T_{10} > T_3 > T_7$。因此,$T_1$,$T_4$ 和 T_6 被选为自变量,使用多元线性拟合得到斜率的拟合方程:

$$\alpha_1 = -1.059\,88 + 0.039\,04T_{10} + 0.004\,72T_4 + 0.001\,4T_1 \tag{3-15}$$

式中,T_{10} 是环境温度;T_4 是丝杠上螺母的温度;T_1 是丝杠电动机的温度。把式(3-11)代入式(3-7),可将热误差的表达式 E_{t1} 表示为

$$E_{t1} = (-1.059\,88 + 0.039\,04T_{10} + 0.004\,72T_4 + 0.001\,4T_1) \times (P_x - P_0) \tag{3-16}$$

将式(3-12)和式(3-16)代入式(3-1)可得定位误差曲线的综合表达式 E_1,用相似的方法可以获得 $E_1 \sim E_9$,$E_1 \sim E_9$ 可见式(3-11)。

3.7 贝叶斯网络分类综合模型预测效果分析

3.7.1 贝叶斯分类模型的预测精度

根据贝叶斯分类器结合不同工况公式(3-11),Test 1~Test 9 的预测效果如表 3-10 所示。由表 3-10 可见,贝叶斯分类模型标准差为 3.69~5.2 μm,最大残差为 5.01~6.98 μm。

表 3-10 预测效果对比

工况	传统模型(E_9)/μm		综合模型/μm	
	标准差	最大残差	标准差	最大残差
Test 1	7.5	16.3	3.72	6.2
Test 2	7.82	15.67	4.37	5.72
Test 3	9.69	17.43	3.69	5.31
Test 4	8.54	14.3	4.5	5.91
Test 5	9.46	16.53	4.81	6.7
Test 6	8.96	15.73	5.2	6.98
Test 7	8.45	18.87	4.92	5.89
Test 8	7.97	16.35	4.57	5.05
Test 9	1.02	4.9	4.01	5.01

3.7.2 单一模型和贝叶斯分类模型的效果对比

从上述试验结果分析可知,单一工况模型中,E_9 的预测精度最高,将 E_9 选做单一工况模型的代表。将表 3-10 中的数据用二维柱状图来呈现,单一工况模型和贝叶斯分类模型的标准差和最大残差分别显示在图 3-17 和图 3-18 中。单一工况模型和贝叶斯分类模型的精度范围对比如表 3-11 所示。

由图 3-17、图 3-18 及表 3-11 可见,除 Test 9 以外,贝叶斯分类模型的标准差低于单一工况模型,且贝叶斯分类模型的最大残差明显低于传统模型。Test 9 的标准差低于贝叶斯分类模型的原因是:采用 Test 9 工况下建立的模型预测 Test 9,相当于拟合精度,拟合的标准差数值小。此外,还可以发现,贝叶斯分类模型的标准差和最大残差的波动范围也非常小。

然而,机床在实际运行的过程中,工况变化非常复杂。因此,必须验证模型在复杂工况下的预测精度和鲁棒性。

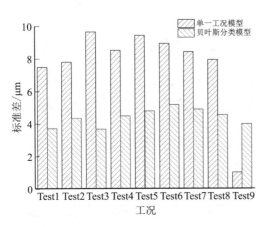

图 3-17　标准差对比

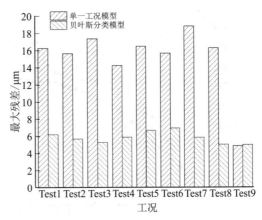

图 3-18　最大残差对比

表 3-11　模型预测精度范围对比

	单一工况模型/μm	贝叶斯分类模型/μm
标准差区间	1.02~9.69	3.69~5.2
最大残差区间	14.3~18.87	5.01~6.98

3.7.3　模仿复杂工况的预测精度

为了模拟实际运行工况,设计了表 3-6 中的试验(Test 10~Test 12)。在表 3-6 的试验工况下,行程交替变换,每 5 min 交换一次。在这些工况下,$\delta_x = 200$ mm 处的定位误差预测效果如图 3-19~图 3-21 所示。

从图 3-19~图 3-21 可见,在刚开始的 40 min 内,两种预测模型的预测值与实际情况非常接近。然而,随着时间的增加,单一工况模型的预测曲线波动变大。产生上述现象的原因是:在机床运行的初始阶段,机床各部件的温度变化小,热误差的差异也比较小;随着机床的运行时间增加,机床各部件的温升增大,部件间的变形差异也开始变大。单一工况模型的预测鲁棒性差的特点被暴露出来,而贝叶斯分类模型则表现出较为稳定的预测性能。

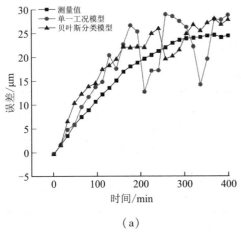

（a）

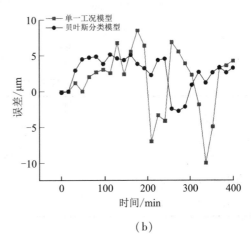

（b）

图 3-19　Test 10的预测效果

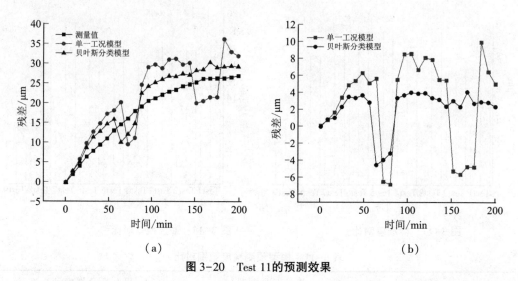

（a）　　　　　　　　　　　　　　（b）

图 3-20　Test 11 的预测效果

由表 3-12 和图 3-22 可以看出，Test 10~Test 12 中，贝叶斯分类模型标准差相对单一工况模型平均减少了 31%，贝叶斯分类模型最大残差相对单一工况模型平均减少了 60%，结果表明，在工况变化条件下，通过分类预测能很好地改善单一工况模型鲁棒性差和预测精度低的问题。

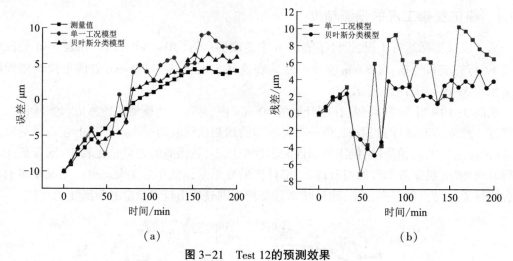

（a）　　　　　　　　　　　　　　（b）

图 3-21　Test 12 的预测效果

表 3-12　预测效果对比

工况	单一工况模型（E_9）/μm		贝叶斯分类模型/μm	
	标准差	最大残差	标准差	最大残差
Test 10	7.4	15.96	5.9	7.2
Test 11	8.83	18.3	4.95	5.8
Test 12	9.78	17.22	5.6	7.6

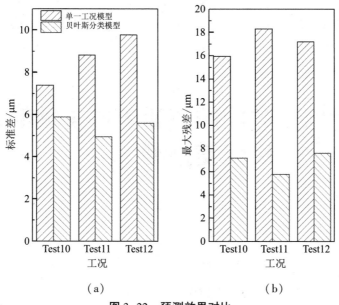

（a）   （b）

图 3-22 **预测效果对比**

4 数控磨齿机工件主轴的无传感器热误差预测

4.1 引言

在机床热误差补偿技术中,温度传感器是主要的温度信息采集设备。然而,在数控磨齿机床工件主轴的热误差补偿中,作为获取补偿检测信息的最前端,温度传感器的使用存在以下问题:①温度传感器易受到切削液的影响,无法准确测量关键点温度;②测点布置和选择不当造成预测模型的多元共线性,影响模型的性能;③前期设计没有预留温度传感器安装孔位置,使得后期安装位置受限,无法接近关键热源。如图 4-1 所示,从图 4-1(a) 中可见电动机上部被包裹在金属外壳中,将图 4-1(a) 中的电动机部件再装入图 4-1(b) 的孔中,最后工件主轴外形如图 4-1(c) 所示。由图 4-1 可知,采集电动机温度需透过厚厚的金属外壳,因此采集的数据很难及时、准确地反映电动机的温度变化。因此,一部分学者采用有限元分析法分析机床温度场,避免传感器测不准对预测精度的影响,然而有限元法的边界条件难以确定,限制了其进一步的应用。

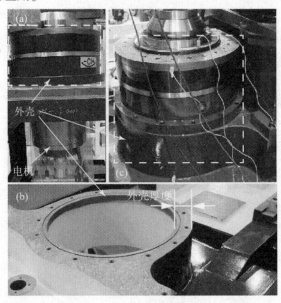

图 4-1　工件主轴结构

为解决上述问题,提出一种无温度传感器热误差分类模型。以数控砂轮磨齿机为研究对象,通过主轴温度场及热变形分析,建立热误差的理论预测模型。模拟工件主轴实际工况进行试验,通过获取的温度和热变形数据对理论模型进行修正,最终得到与实际情况相符的温度场和热变形数学模型。在模型预测过程中,不再使用温度传感器采集温度数据。无传感器热误差预测有以下优点:①经济性,不需要额外的数据采集装置及检测传感器;②便捷性,不需要在线实时进行传感器监测;③鲁棒性,消除了温度滞后性、传感器难布置和外界干扰带来的精度扰动。

4.2　模型的建立

4.2.1　温度场理论模型

在数控磨齿机中,工件主轴是支撑齿轮的主要部件,主轴电动机和支承轴承的发热引起的热误差,必定对齿轮的加工质量产生重要影响。本小节建立主轴的温度场模型。

4.2.1.1　主轴热生成

工件主轴的热生成如图4-2所示,热主要由电动机发热和轴承发热两部分组成。电动机产生的热量根据电机的效率可计算得出,而轴承的热量主要来自摩擦生热。

电动机的热量以输入和输出能量表示为

$$Q_M = Q_{M\text{-in}} - Q_{M\text{-out}} \tag{4-1}$$

式中,Q_M 为工件主轴产生的热量;$Q_{M\text{-in}}$ 为输入主轴的电能,可以由输入电动机的电压和电流计算得到;$Q_{M\text{-out}}$ 为输出的机械能,以转矩和转速表示。

根据参考文献[198],轴承的摩擦生热可以表示为

$$Q_B = 1.047 \times 10^{-4} nM \tag{4-2}$$

式中,Q_B 为主轴轴承产生的热量;n 为主轴转速;M 为轴承总摩擦力矩。

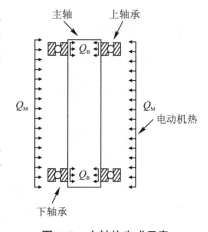

图4-2　主轴热生成示意

主轴整体热量方程可以表示为

$$Q_{in} = Q_M + Q_{B1} + Q_{B2} \tag{4-3}$$

式中,Q_{in} 为主轴得到的总热量;Q_{B1} 为前轴承产生的热量;Q_{B2} 为后轴承产生的热量。

4.2.1.2　温度场基本理论模型

根据主轴温度场的热量输入和输出[199],可以构建公式

$$cm(\mathrm{d}T_m/\mathrm{d}t) = Q_{in} - Q_{out} \tag{4-4}$$

$$Q_{out} = T_m S\alpha \tag{4-5}$$

式中,c 为主轴材料比热容;m 为主轴质量;T_m 为主轴温度;S 为主轴散热表面积;α 为主轴热扩散系数;Q_{out} 为主轴散发的热量。

由式(4-4)和(4-5),主轴的平均温度 T_m 和时间常数 t_c 可表示如下:

$$T_m = Q_{in}/(S\alpha) + B\exp(-t/t_c) \tag{4-6}$$

$$t_c = cm/(S\alpha) \tag{4-7}$$

式中,B 为初始环境温度决定的系数。

4.2.1.3　主轴升温理论模型

当主轴转动时,主轴处于升温状态,此时主轴和空气之间为强制对流,强制对流系数 α_{up} 可表示为

$$\alpha_{up} = 0.664\lambda(n/60vh_p)^{1/2}Pr^{1/3} \tag{4-8}$$

式中,λ 为主轴热传导系数;n 为主轴转速;v 为空气的运动黏度,通常取 $v = 16\ mm^2/s$;h_p 为试验系数,根据试验情况具体调整;Pr 为普朗特常数,通常取 $Pr = 0.701$。

将式(4-7)、式(4-8)代入式(4-6)可得升温过程中的主轴温度场的模型

$$T_{up} = Q_{in}/(S\alpha_{up}) + B\exp(-\alpha_{up}St/mc) \tag{4-9}$$

4.2.1.4　主轴降温理论模型

当主轴停止时,主轴和空气的热交换属于自然对流,自然对流系数 $\alpha_{down} = 10\ W/(m^2 \cdot K)$。此时无热量输入,$Q_{in} = 0$,因此,降温过程中主轴温度场的模型可表示为

$$T_{down} = T_0\exp(-10St/mc) \tag{4-10}$$

式中,T_0 为降温阶段的初始温度。

4.2.2　热变形理论模型

要建立热变形的理论模型,首先应该分析清楚磨齿机的结构和变形特点。机床的结构如图 4-3 所示,由热变形理论可知,X 方向结构对称,对工件主轴热变形影响微小。而 Y 方向结构不对称,当受热后,会引起工件主轴在 Y 方向弯曲或基座倾斜。Z 方向的变形主要为工件主轴的热伸长。主轴变形后状态如图 4-4 所示。

图 4-3　机床的结构

将图 4-4 的热变形示意图简化后,如图 4-5 所示。

由图 4-5 可知,影响零件精度的主要误差是由热变形引起的主轴倾角 θ 导致的 Y 方向的误差 h 和主轴热伸长导致的 Z 方向误差 ΔL。因此,只需求出 ΔL 和 h 即可表达出热误差。下面为热误差表达式推导。

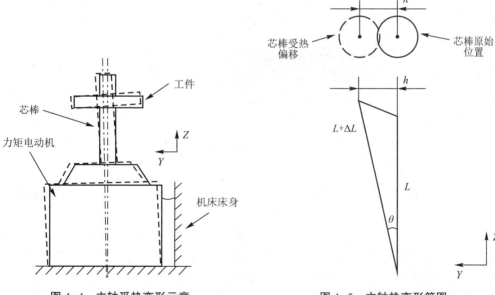

图 4-4 主轴受热变形示意   图 4-5 主轴热变形简图

（1）ΔL 的理论公式

考虑到机床的结构，在计算 ΔL 时需要将工件主轴分为两部分计算，如图 4-6 所示。

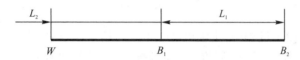

图 4-6 工件主轴结构示意

B_1B_2 是主轴上下轴承间轴的距离，用 L_1 表示。WB_1 是上轴承到工件间的芯棒的距离，用 L_2 表示。在机床结构中，B_1 固定，B_2 可自由移动，由此可知，尽管 B_1B_2 有热伸长但并不对热误差造成影响。WB_1 段是单点受热，受热点为 B_1，在本段中产生的热变形会影响机床的精度，因此，$\Delta L_2 = \Delta L$。根据文献[19]，WB_1 段属于温度以三角形式分布在杆上，如图 4-7 所示，其热伸长 ΔL_2 为

$$\Delta L_2 = \alpha_t \int_0^{L_2} T(x)\,\mathrm{d}x \tag{4-11}$$

由于 $T(x) = T_{\max}\dfrac{x}{L_2}$，代入式（4-11）得

$$\Delta L_2 = \alpha_t \int_0^{L_2} T_{\max}\frac{x}{L_2}\mathrm{d}x = \frac{\alpha_t L_2 T_{\max}}{2} = \frac{\alpha_t L_2 T_m}{2} \tag{4-12}$$

式中，α_t 为材料的线膨胀系数，$T_{\max}$ 为 B_1 处的温度，升温时，$T_{\max} = T_{up} = T_m$，降温时，$T_{\max} = T_{down} = T_m$，$T_{\max}$ 温度可以通过式（4-9）和式（4-10）获得。

（2）h 的理论公式

由图 4-5 可得

$$h = (L + \Delta L)\sin\theta \tag{4-13}$$

式中，θ 为随温度变化的函数，考虑到 θ 很小，可以将其表示为

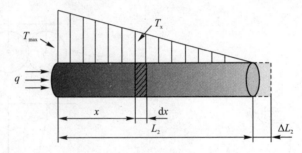

图 4-7　温升呈三角形分布热伸长

$$\theta = \beta T_{\mathrm{m}} \tag{4-14}$$

将式(4-14)代入到式(4-13),考虑到ΔL远小于L可将ΔL省略,热误差h最终可表示为

$$h = L\sin(\beta T_{\mathrm{m}}) \tag{4-15}$$

式中,β为待定系数。由实际的加工经验可知,h值较小且计算公式比较简单,因此可以通过试验数据直接确定β,即可得到和实际工况接近的预测公式。

4.2.3　温度及热变形模型修正

4.2.3.1　温度模型修正

以数控磨齿机床工件主轴为例,说明主轴在实际工作中升温和降温过程温度模型的试验修正过程。

数控磨齿机实际加工过程中,主轴以某一恒定转速工作,温度升高;当工件加工完成,拆装工件或修模砂轮时,主轴停转,温度下降。理论温度曲线及机床运行时实际温度曲线如图 4-8 所示。可以看出,理论曲线和实际曲线存在偏差。因此,对理论曲线进行修正是保证模型预测精度和鲁棒性的关键。

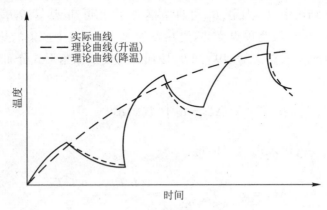

图 4-8　理论和实际温度曲线示意

(1)升温修正模型

利用试验数据将升温时温度场公式(4-9)修正为

$$T_{\mathrm{up}} = T_{\mathrm{e}} + Q_{\mathrm{in}}/(S\alpha_{\mathrm{up}}) + B\exp(-p_{\mathrm{up1}}\alpha_{\mathrm{up}}St/mc) + p_{\mathrm{up2}} \tag{4-16}$$

式中,T_{e}为环境温度,p_{up1}为升温修正斜率,p_{up2}为升温温度修正值。

根据目标函数求解最优化问题,求得最优修正系数T_{e},p_{up1}和p_{up2}。升温过程的目标函数建立可参考文献[200]。

（2）降温修正模型

同理,降温过程的温度场公式(4-10)修正为

$$T_{\text{down}} = T_e + (T_0 - T_e)\exp(-p_{\text{dn1}}10St/mc) + p_{\text{dn2}} \qquad (4-17)$$

式中,p_{dn1}为第 n 次降温修正斜率,p_{dn2}为第 n 次降温温度修正值。

4.2.3.2 热误差修正模型

热误差模型修正和温度模型修正方法相似,升温过程的热误差模型根据式(4-12)修正为

$$\Delta L_2 = p_1 \frac{\alpha_t L_2 T_{\max}}{2} + p_2 \qquad (4-18)$$

式中,p_1为热误差修正斜率,p_2为热误差修正值。

类似于温度的模型修正,通过求解最优化问题,可求得最优修正系数 p_1 和 p_2。

4.3 试验系统设计

4.3.1 试验设备

根据前面章节中理论分析可知,需要根据实际的加工状态、采集温度和热变形数据对理论模型进行修正。以 YKZ7230 型数控磨齿机为试验平台,试验系统如图 4-9 所示。数据采集仪是 HIOKI8423,温度传感器为安利计器温度传感器(E-type MG-24E-GW1-ANP),位移传感器为中原量仪公司生产的 DGC-8ZG/D 型接触式位移传感器。

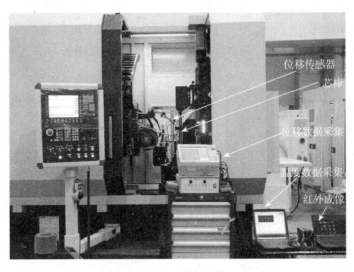

图 4-9 试验系统

4.3.2 试验设计

根据数控机床热误差测量标准《Test code for machine tools—Part 3：Determination of thermal effects》(ISO 23-03-2020),所有机床试验在主轴空转下进行,试验在恒温车间,温度为 20 ℃。机床在实际加工时需要更换工件和修模砂轮,工件主轴将停止运行,会导致工件主

轴的降温。因此,在进行热误差试验时,模仿实际加工情况,将升温过程设置为 20 min,降温过程设置为5 min。往复循环,直到温度达到热平衡。

为了保证试验测量的温度和变形数据的准确性,数据采集过程中,使用屏蔽管保护传感器连接线。同时,停用周围的机床等设备,避免对试验数据产生干扰。数据采集后滤除了数据中的粗大误差。

考虑到不同转速下温度场和热误差的变化情况不同,设计了不同主轴转速的试验。YKZ7230 型数控磨齿机转速范围为 0~300 r/min,故试验转速在这个范围内均匀分布,试验转速分组见表4-1。

表 4-1　试验转速

类别	转速/(r/min)	类别	转速/(r/min)
1	30	6	180
2	60	7	210
3	90	8	240
4	120	9	270
5	150	10	300

4.3.2.1　温度数据采集

为了精确地布置温度传感器,先利用 FLIR 红外成像仪拍摄工件主轴部分,寻找主要热源,热成像图如图 4-10(a)、(b)所示。由图 4-10(b)可以确定发热的主要部件是轴承。为了更均匀的获取温度数据,在轴承圆周上均匀布置 4 个传感器,温度传感器布置如图 4-10(c)所示。计算 4 个温度传感器的平均值,获得表 4-1 中 10 组不同转速下的温度数据,测得的实际温度曲线如图 4-11 所示,由图 4-11 可以看出,随着主轴转速的升高,主轴的轴承位置温度随之升高,当主轴停转时,轴承处的温度迅速降低。利用实际温度数据可以实现对理论模型式(4-16)和式(4-17)中的 T_{up} 和 T_{down} 模型进行修正。

(a)升温前

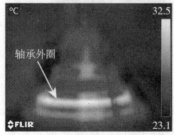

(b)升温后

(c)温度传感器布置

图 4-10　工件主轴红外成像图及温度传感器布置

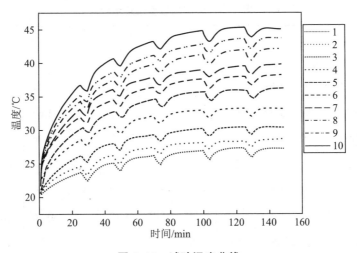

图 4-11 试验温度曲线

4.3.2.2 热变形数据采集

工件主轴的热变形主要在 Y 方向和 Z 方向。因此，布置位移传感器 S_1 和 S_2，如图 4-12 所示。通过计算可以获得图 4-5 中的变形角 θ，由此可以得到 Y 方向的实际热变形 h。图 4-12 所示传感器 S_3 用于测量 Z 方向实际变形量，也即是 ΔL。

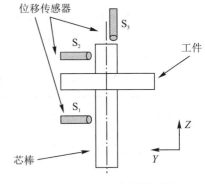

图 4-12 位移传感器布局

4.4 效果验证

4.4.1 模型修正

表 4-2 列出了机床工件主轴的参数，通过第 4.2 节介绍的方法，可以得到不同转速下的温度场模型修正系数和热变形修正系数，分别如表 4-3 和表 4-4 所示。由于试验车间是恒温车间，因此，式(4-16)和式(4-17)的 T_e 为环境温度 20 ℃。

表 4-2 主轴参数表

参数	数值
主轴直径 D/mm	105
主轴孔直径 D_K/mm	75
主轴长度 L/mm	260
主轴密度 ρ/(kg/m^2)	7.6×10^3
主轴比热容 c/[J/(kg·K)]	460
线膨胀系数 α_t/(1/K)	1×10^{-5}
主轴热导率 λ/[W/(m·K)]	31.2

表 4-3 温度场模型修正系数

转速/(r/min)	系数											
	p_{up1}	p_{up2}	p_{d11}	p_{d12}	p_{d21}	p_{d22}	p_{d31}	p_{d32}	p_{d41}	p_{d42}	p_{d51}	p_{d52}
30	0.72	1.89	1.53	1.23	0.92	1.58	1.93	−2.1	1.34	1.15	1.26	1.14
60	0.96	2.03	1.32	−0.5	1.52	2.3	1.41	1.77	1.62	1.9	1.75	1.73
90	1.05	1.71	1.47	1.56	1.43	−0.9	1.27	1.43	1.36	1.46	1.04	1.38
120	1.16	1.83	0.97	−2.7	1.29	1.8	1.53	−1.8	1.56	−0.3	1.97	1.47
150	1.21	1.9	1.23	1.91	1.34	3.2	1.36	−0.9	1.8	−0.5	2.1	1.6
180	1.25	1.74	1.46	1.75	1.09	0.95	1.17	1.5	0.96	1.64	1.37	−2.3
210	1.34	−0.3	0.98	0.83	0.96	2.1	1.04	1.25	1.23	1.3	1.42	−1.1
240	1.38	0.64	1.12	0.97	0.78	1.55	0.95	−1.7	1.53	−1.5	1.54	2.41
270	1.43	0.79	1.08	−2.1	0.93	1.85	0.91	−1.1	1.79	1.33	1.69	−3.7
300	1.49	0.62	1.05	−1	1.93	1.42	1.12	2.7	1.02	1.39	1.72	−1

表 4-4 热变形模型修正系数

转速/(r/min)	系数		
	p_1	p_2	β
30	1.43	−0.79	0.065
60	1.37	−0.87	0.063
90	1.33	−0.54	0.059
120	1.34	−0.72	0.052
150	1.29	−0.62	0.049
180	1.26	−0.31	0.046
210	1.2	0.15	0.044
240	1.13	0.24	0.041
270	1.09	−0.42	0.04
300	1.05	0.47	0.038

4.4.2 修正前和修正后的效果验证

图 4-13 为主轴转速为 240 r/min 时,温度理论预测模型及修正预测模型的预测效果对比图。由图 4-13 可见,修正模型的预测精度明显好于未修正的理论模型,说明了温度修正的可行性。

图 4-14 为主轴转速为 240 r/min 时,热变形 ΔL 理论预测模型和修正预测模型的预测效果图。由图 4-14 可见,在主轴的降温阶段,理论模型的预测精度随着升(降)温变化,波

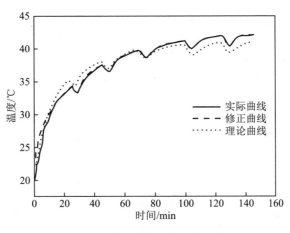

图 4-13　温度曲线修正前后对比

动比较明显。而由于受到接触热阻和机床结构的影响,实际的测量曲线对温度的剧烈变化并不敏感。而修正后的模型的预测效果非常好。

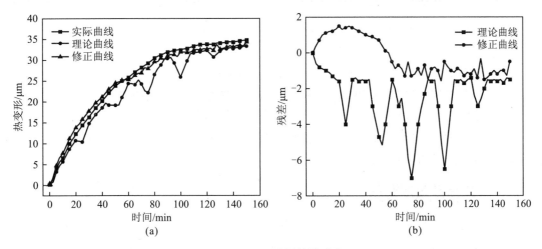

图 4-14　ΔL 预测效果对比

表 4-5 为主轴转速为 240 r/min 时 ΔL 预测效果数值对比,可见修正后的模型热变形的预测精度明显提高。由表 4-5 可得,修正后标准差降低了 60%,最大残差降低了 79%。

表 4-5　ΔL 的预测效果

模型	标准差/μm	最大残差/μm	误差平方和/μm²
理论	2.8	7.1	512
修正	1.1	1.5	68

图 4-15 为主轴转速为 240 r/min 时,热变形 h 的理论预测模型和修正预测模型的预测效果图。可见,修正模型的预测效果比理论模型好。

表 4-6 为主轴转速为 240 r/min 时 h 的预测效果数值对比,修正模型的精度较高,修正后标准差降低了 39%,最大残差降低了 48%。

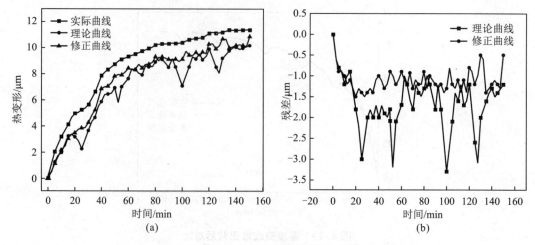

图 4-15　h 预测效果对比

表 4-6　h 的预测效果对比

模型	标准差/μm	最大残差/μm	误差平方和/μm^2
理论	1.8	3.3	193
修正	1.1	1.7	79

由上述试验可知,针对 240 r/min 转速,修正模型最大残差只有 1.7 μm,标准差为 1.1 μm,说明了修正模型有较高的预测精度和鲁棒性。下一节将验证修正模型在预测其他转速时产生热变形的预测效果。

4.4.3　修正模型预测范围

为了验证修正模型的预测有效范围,使用 150 r/min 的修正模型分别预测 30 r/min、60 r/min、90 r/min、120 r/min、180 r/min、210 r/min、240 r/min、270 r/min 和 300 r/min 的热变形。预测残差效果如图 4-16(a)所示,图 4-16(b)为图 4-16(a)分别在 X 轴和 Y 轴的剖面图,由图 4-16 可见,修正模型预测 150 r/min 附近热误差时,预测残差较小,预测精度较高;当修正模型预测的转速偏离 150 r/min 越远,预测残差越大,例如,图 4-16(b)中 200 r/min 和 50 r/min 的剖面图。说明预测模型有确定的预测范围,当预测范围增大,则预测精度降低。而预测区间离建模所用转速越近,则预测精度越高,例如,图 4-16(b)中 30 min,80 min, 150 min 剖面线。表 4-7 为预测不同转速时的标准差和最大残差统计,表 4-7 与图 4-16 表现出相同的规律。

为了验证上述结论,再分别采用 30 r/min 和 300 r/min 的修正模型预测不同转速时的热变形 ΔL,预测残差效果如图 4-17 和图 4-18 所示,图中显示结果与图 4-16 所得结论一致。

对 h 的模型预测效果进行测试时,得到的效果和 ΔL 的效果一致。因此,不再对 h 的预测范围进行重复分析。

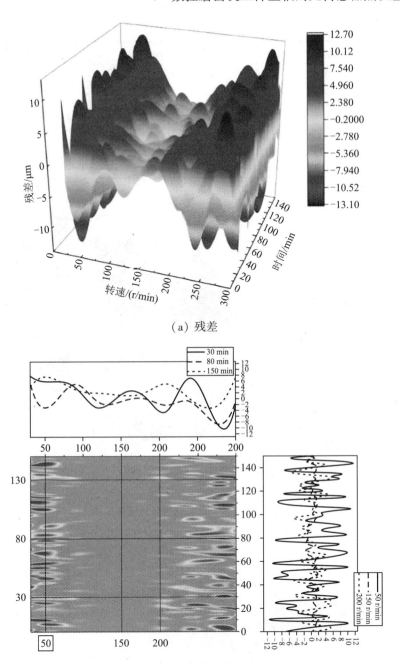

（a）残差

（b）X 和 Y 轴的剖面图

图 4-16　150 r/min 模型的误差预测效果

表 4-7　150 r/min 修正模型预测效果

预测转速/（r/min）	标准差/μm	最大残差/μm
30	8.8	-12.9
60	6.7	10.7
90	4.5	-7.4
120	1.3	2.3

预测转速/(r/min)	标准差/μm	最大残差/μm
180	1.4	1.8
210	4.6	6.5
240	7	11.2
270	8.6	12.5
300	9.1	−13.1

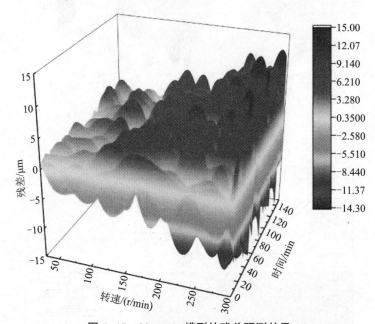

图 4-17　30 r/min 模型的残差预测效果

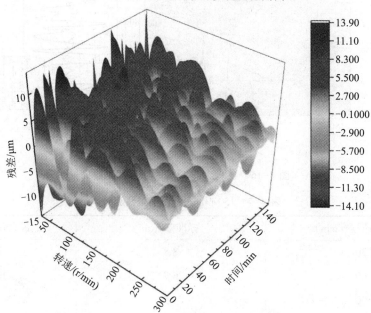

图 4-18　300 r/min 模型的残差预测效果

通过上述分析可得出结论:用特定转速的温度和热误差修正的预测模型有特定的预测范围,要保证提出模型的精度,必须将预测模型的预测范围限制在特定的范围内。

4.4.4 基于转速分段热误差预测

根据上述分析结果,为了进一步提高修正模型的预测精度,将不同转速的修正模型预测范围限制在建模转速±30 r/min 范围内。同时,考虑到不同机床装配、润滑等因素的影响,热误差可能存在着差别。因此,在进行试验验证时,为了验证模型对同类型其他机床特性的鲁棒性,在另一台相同型号的数控磨齿机上进行验证。

分别采用 90 r/min、150 r/min、210 r/min、270 r/min 的修正模型预测对应转速范围的热误差,预测结果见表 4-8~表 4-11。从上述表中可以看出,将转速预测范围限制在建模转速 ±30 r/min 范围内,最大标准差为 1.9 μm,最大残差为 2.7 μm,预测的鲁棒性和精度都非常高。

表 4-8 90 r/min 修正模型预测效果

预测转速/(r/min)	标准差/μm	最大残差/μm
60	1.7	2.4
70	1.5	−2.3
80	1.3	1.9
100	1.4	1.9
110	1.5	−2.2
120	1.6	−2.5

表 4-9 150 r/min 修正模型预测效果

预测转速/(r/min)	标准差/μm	最大残差/μm
120	1.8	2.3
130	1.7	−1.9
140	1.5	2
160	1.3	1.7
170	1.8	−2.1
180	2	−2.5

表 4-10 210 r/min 修正模型预测效果

预测转速/(r/min)	标准差/μm	最大残差/μm
180	1.9	−2.5
190	1.8	2.3
200	1.5	−1.9
220	1.5	2.1
230	1.5	−2.1
240	1.9	2.5

表 4-11　270 r/min 修正模型预测效果

预测转速/(r/min)	标准差/μm	最大残差/μm
240	1.6	2.5
250	1.6	2.2
260	1.3	−2.0
280	1.5	2.2
290	1.7	−2.3
300	1.8	−2.7

5 数控磨齿机床砂轮主轴热误差数据驱动建模

5.1 引言

机床热误差属于时变、非线性,对于简单的热误差工况,可以建立机制模型;但工况变化大时,机制模型的复杂性、高阶数、强的非线性使得模型建立困难,预测精度和鲁棒性也不太理想。传统的热误差建模,是以模型控制理论和方法为基础,该方法无法避免"鲁棒性差"和"未建模动态"等问题[201]。当用低阶系统来建立高阶系统热误差模型时,有一部分动态性能被忽略掉了,而忽略的这部分就是未建模动态,未建模动态会影响模型的预测精度。大数据的使用及其效果给机床热误差建模带来了全新的思维,基于数据驱动的热误差模型有望使传统的热误差建模方法得到改善。本章基于数据驱动理论,提出一种数控机床热误差的数据驱动控制模型。该模型通过离线数据设置基本参数,利用在线数据对模型进行实时修改。在线数据的利用,保证模型对实时温度和热变形的追踪能力,提高模型的自适应性能。

5.2 数据驱动控制理论

5.2.1 数据驱动控制定义

数据驱动控制(data-driven control, DDC)是指利用数据来驱动模型的建立,再利用模型预测的数据来精确控制。DDC 发源于计算机科学领域,近些年才出现在控制领域[202]。DDC 主要可应用于预测、诊断、评价、决策等功能。

5.2.2 数据驱动方法分类

数据驱动方法有很多分类方式,本文根据数据的在线、离线使用特点,将数据驱动方法分为三类:①离线数据驱动;②在线数据驱动;③离线、在线数据结合驱动。

5.2.2.1 离线数据驱动

离线数据指在采样轴上,在某个特定时间窗口前产生的 I/O 数据。离线数据驱动主要使用离线数据建立受控对象的数学模型。离线数据驱动方法有比例–积分–微分

(proportion-integral-differential, PID)控制法；迭代反馈整定(iterative feedback tuning, IFT)法，控制系统原理如图 5-1 所示[202]；虚拟参考反馈整定(virtual reference feedback tuning, VRFT)方法。

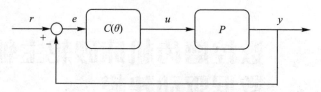

图 5-1　迭代反馈整定系统

5.2.2.2　在线数据驱动

在线数据是相对于离线数据而言的，在线数据更加强调数据的及时性，指当前某个时间窗口采集的 I/O 数据。在线数据驱动主要使用在线数据来驱动受控对象数学模型的建立。建立的模型即时性更强，更能满足当前阶段系统的特性。有效使用在线数据能使模型及时捕捉到系统结构、参数及其他扰动的变化，进而保证模型的适应性、抗干扰性和稳定性。在线数据驱动有基于 SPSA(simultaneous perturbation stochastic approximation)的无模型控制方法、无模型自适应控制(model free adaptive control, MFAC)和去伪控制(unfalsified control, UC)。SPSA 方法无须控制对象的模型信息，只使用系统 I/O 信息调整控制参数，其系统控制如图 5-2 所示。

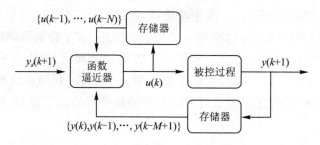

图 5-2　SPSA 系统控制示意

5.2.2.3　离线、在线数据结合驱动

离线、在线数据结合驱动方法是利用离线数据挖掘受控对象的规律和模式，建立控制对象的系统动力学模型和设计控制器。在线数据用于对离线数据模型的更新和修正。现有的离线和在线数据结合驱动方法有迭代学习控制(iterative learning control, ILC)方法、懒惰学习(lazy learning, LL)等。ILC 方法是使用当前或前几次运行的 I/O 信息修正控制系统，不断重复修正过程，直到控制系统能完美预测实际轨迹为止。ILC 控制系统结构如图 5-3 所示，其中两个存储器保存当前或前几次运行的 I/O 信息。

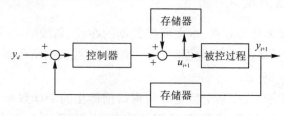

图 5-3　迭代学习控制系统结构

数据驱动控制方法适合于三种类型的模型创建:①系统能建立机制模型,但机制模型的准确性和鲁棒性很差;②模型是机制模型,但该模型存在复杂性高、非线性强和阶数高等问题;③难以建立或无法创建机制模型。

数控机床的热误差属于时变、非线性,虽然能创建系统的机制模型,但由于数控机床加工工况差异性问题,机制模型很难保证预测的准确性和鲁棒性,因此采用数据驱动方法能很好解决这一问题。

5.3 无模型自适应控制算法

无模型自适应控制,属于在线数据的数据驱动控制方法。该方法的核心思想是将一个离散时间非线性系统等价为动态线性化模型。这类方法的控制器设计不需要任何受控系统的模型信息,只输入受控系统的 I/O 数据。此方法可以完成受控系统的结构和参数自适应控制。这种自适应控制理论的核心思想为:通过受控系统的 I/O 数据对系统的伪梯度向量进行在线估计,这样实现非线性系统的无模型自适应控制(model-free adaptive control,MFAC)[203]。

将一般非线性系统定义为

$$e(k+1) = f(e(k), T(k), U(k-1)) \tag{5-1}$$

式中,$e(k+1)$ 代表系统 $k+1$ 时刻的误差值;$T(k)$ 代表 k 系统时刻的输入向量;$U(k-1)$ 代表到 $k-1$ 时刻终止的系统输入及输出向量的集合;$f(\ )$ 代表该非线性误差预测系统的函数。

此热误差预测系统应满足如下 3 个条件:

(1)输出热误差和输入温度为可控和可观察的,可理解为,对一定幅值(允许区间内)的设定温度值,在允许范围内确定存在一个热误差值随期望输出变化。

(2)未知的非线性热误差预测系统函数 $f(\ )$ 对于此时 $T(k)$ 这个温度控制输入的偏导数是连续的,即输入控制温度在允许范围内,其温度的增加量会引起热误差的输出增量的相应变化。

(3)一定界限的输入温度变化引起相应的输出热误差变化,即输入温度在机床允许区间内的变动会导致输出热误差在机床允许范围的变动。

基于上述条件,根据紧格式线性化的定义[12],式(5-1)可以表达为如下紧格式动态线性化模型的形式,同时伪偏导数(pseudo-partial-derivative,PPD)可表示为

$$\Delta e(k+1) = \varphi(k)\Delta T(k) \tag{5-2}$$

式中,$\Delta e(k+1) = e(k+1) - e(k)$,$\varphi(k)$ 代表系统的伪偏导数,$\Delta T(k) = T(k) - T(k-1)$。详细的线性化证明可见文献[12]。由式(5-2)可知,该模型参数少、结构简单,而且为增量时变形式,是数据模型,而非机制模型,模型以控制系统设计为目的。机床热误差随温度变化相对较慢,在式(5-2)中,$\varphi(k)$ 可以理解为一个慢时变参数,因此 MFAC 控制器作为热误差预测系统的设计合理。

进行热误差预测系统的 MFAC 设计时,不仅要确保温度变化量 $\Delta T(k) \neq 0$,还要在控制律算法中放入可调节参数 λ,用于控制温度增量 $T(k)$ 的变化。将上述思想表示在控制目标函数里:

$$J(T(k)) = \{ |e^*(k+1) - e(k)|^2 + \lambda \| T(k) - T(k-1) \|^2 \}$$

通过优化推导获得线性化基于紧格式的数据驱动无模型自适应控制律公式如下:

$$T(k)=T(k-1)+\frac{\mu_k\hat{\varphi}(k)}{\lambda+\parallel\hat{\varphi}(k)\parallel^2}[e^*(k+1)-e(k)] \tag{5-3}$$

式中,μ_k 为步长序列,$\mu_k\in(0,2)$;λ 表示惩罚因子,控制输入变化;$e^*(k+1)$ 为 $k+1$ 时刻热误差系统的期望输出;$e(k)$ 为 k 时刻热误差系统的位置实际输出。

λ 不仅起限制输入温度变化增量的作用,还保证在合理范围内式(5-2)替代式(5-1),同时间接控制伪偏导数值的大小。伺服系统响应快慢和 λ 系数相关,其值越小,可使伺服系统的响应更快,也容易发生超调,导致系统失稳;当 λ 为零时,控制系统发散;λ 的值越大,伺服系统的鲁棒性和稳定性会好些,系统响应越慢,超调越小。

由式(5-3)中控制律算法可知,其不包含任何受控系统的特征信息(诸如阶数、结构和模型等)。需要在线调整的参数数量与控制输入向量的维数相等。

从式(5-3)中控制律算法可知,在 k 当前时刻,式中系统的伪梯度向量 $\varphi(k)$ 为唯一未知量,如果能实时地通过受控系统的 I/O 数据在线估计 $\varphi(k)$,那么受控系统的无模型自适应学习控制就能实现。

$\varphi(k)$ 的估计算法可表示为

$$\hat{\varphi}(k)=\hat{\varphi}(k-1)+\frac{p(k-2)\Delta u(k-1)}{\alpha(k-1)+\Delta^T u(k-1)p(k-2)\Delta u(k-1)}\times[\Delta y(k)-\Delta u^T(k-1)] \tag{5-4}$$

$$p(k-1)=\frac{1}{\alpha(k-1)}\left[p(k-2)-\frac{p(k-2)\Delta u(k-1)\Delta u^T(k-1)p(k-2)}{\alpha(k-1)+\Delta u^T(k-1)p(k-2)\Delta u(k-1)}\right] \tag{5-5}$$

$$\alpha(k)=\alpha_0\alpha(k-1)+(1-\alpha_0) \tag{5-6}$$

式(5-2)~(5-6)中,设置 $\alpha(0)$、$\alpha(1)$ 分别为 0.98、0.96,$\hat{\varphi}_1(1)$ 和 $p(0)$ 的初值适当选取,$\mu_k\in(0,2)$。$p(t)$ 代表 $P\times P$ 的协方差阵,在线调整的系统参数是维数为 P 的 $\varphi(k)$。

5.4 主轴温度和热变形测量

5.4.1 试验系统设计

在一台数控磨齿机的砂轮主轴上进行试验,安装有砂轮的主轴如图 5-4 所示,试验测试时将砂轮取下,安装主轴变形传感器。图 5-5 为安装有砂轮的主轴变形测量装置布局图。

图 5-4 砂轮轴

图5-5 主轴变形测量装置布局

为获取建模所需的温度数据和热误差数据,将试验系统布置成如图5-5所示模样。考虑到数控磨齿机砂轮主轴系统的温度变化主要受主轴轴承发热、电动机发热以及电动机冷却水的影响,故将温度传感器布置在工件主轴箱附近。同时,应用第2章中介绍的温度传感器线性布局方法时将温度传感器按图5-5布置。由于主轴箱壳体上有油漆,磁吸式温度传感器无法有效吸附,用透明胶布将其粘固。

主轴的变形使用主轴误差分析仪(MSSS-2556型)进行测试,测量仪采集器和测试界面如图5-6所示。

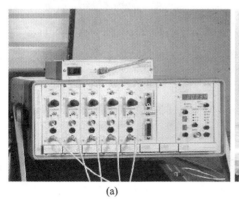 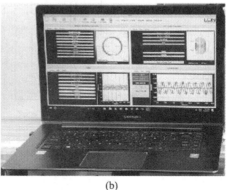

(a)   (b)

图5-6 测试仪界面

测试装置中探针适配器和可调偏心柄的布局安装如图5-7所示,主轴通过联轴器将热伸长和热倾角传递给可调偏心柄,适配器上安装非接触式探头。

变形传感器的布置位置如图5-8所示,安装时需注意以下问题:①旋转过程中探头绝对不能与目标接触(安装过程中主轴未旋转时的非故意接触是安全的);②标准球目标轴与探头轴对齐(球/圆柱体位于探头的中心);③探头要调整到其测量范围的中心位置;④目标偏心距大于预期的运动误差(典型值为50 μm),固定偏心距目标预设为50 μm,可调节目标可能需要调整;⑤在主轴旋转的整个过程中探头不能超出范围。

图 5-7　可调偏心柄安装示意

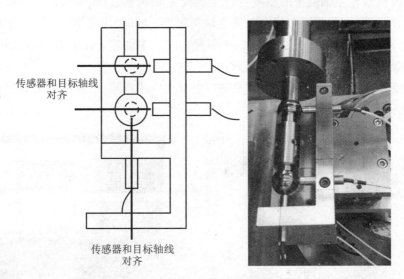

图 5-8　变形传感器布置

5.4.2　测量原理

工件主轴的热变形会引起一个轴向的热伸缩和两个径向热倾斜,要同时测量这三个热变形,使用五点法测量,图 5-9(a)为五点法测量示意图。

工件主轴与 Y 轴方向平行,由位移传感器 S_5 测主轴轴向伸长量,由 S_1、S_3 测量主轴径向偏 X 方向偏摆角 θ_X,由 S_2、S_4 测量主轴径向偏 Z 方向偏摆角 θ_Z[204]。

工件主轴在运行过程中,电动机发热、轴承摩擦发热、电动机冷却水以及环境温度等因素的影响会导致主轴温度场的差异,这种差异会表现在零部件的变形上,最终体现到机床的加工误差。主轴的误差在描述时,主要分为 3 项,前面已经叙述过。其中,热伸长可以直接测量,而偏摆角则需要经过一定的计算才能得到。下面就偏摆角的计算过程进行介绍。

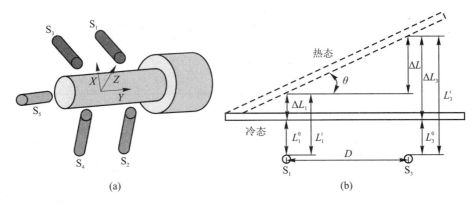

图 5-9　五点法测量原理示意

图 5-9(b) 中,当计算 XOY 平面内的径向热偏摆角 θ_X 时,可按如下公式计算:

$$\Delta L_3 = L_3^i - L_3^0 \tag{5-7}$$

$$\Delta L_1 = L_1^i - L_1^0 \tag{5-8}$$

$$\Delta L = \Delta L_3 - L_1 \tag{5-9}$$

$$\tan\theta_X = \frac{\Delta L}{D} \tag{5-10}$$

热误差导致的偏摆角很小,因此,可以认为 $\theta_X \to 0$,故

$$\theta_X \approx \tan\theta_X \tag{5-11}$$

联立式(5-7)~式(5-11),可得

$$\theta_X = \frac{(L_3^i - L_1^i) - (L_3^0 - L_1^0)}{D} \tag{5-12}$$

式中,i 表示测量次数;L_1^0、L_3^0 为工件主轴冷态时探头到主轴的探测球的距离,分别由 S_1 和 S_3 测得;L_1^i、L_3^i 为工件主轴采样次数 i 时对应的位移;D 为传感器 S_1 和 S_3 之间的距离,为测量球间的距离。

同理,Y 方向的热俯仰角可表示为

$$\theta_Y = \frac{(L_4^i - L_2^i) - (L_4^0 - L_2^0)}{D} \tag{5-13}$$

试验分为两个部分,一部分用于建模,另一部分用于模型检验。选用工况 1 建模,通过工况 2 及工况 3 测试模型预测效果。使用数据采集仪采集测试数据,采样间隔 2 min,测试参数显示在表 5-1 中。处理数据异常点后,测试工况 1 的轴线方向位移误差曲线如图 5-10 所示。

表 5-1　试验参数

	步骤 1	步骤 2	步骤 3	步骤 4
模拟工况 1 设置参数	主轴运行(60 min) 1 000 r/min	暂停(160 min) 0 r/min		
模拟工况 2 设置参数	主轴运行(40 min) 1 000 r/min	暂停(20 min) 0 r/min	主轴运行(60 min) 1 500 r/min	暂停 0 r/min

	步骤 1	步骤 2	步骤 3	步骤 4
模拟工况 3	主轴运行(40 min)	暂停(20 min)	主轴运行(60 min)	暂停
设置参数	1 000 r/min	0 r/min	1 500 r/min(切削液)	0 r/min

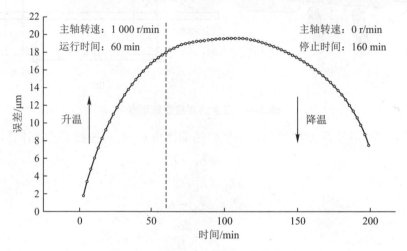

图 5-10　工况 1 误差曲线(轴线方向)

表 5-1 中,模拟工况 2 在模拟工况 1 的基础上增加了一次主轴升降温过程,目的是模拟数控磨齿机加工时更换工件和修模砂轮过程的主轴停止和再次运行。工况 3 的工件主轴转速和运行/暂停时间与工况 2 完全一致,不同之处在第 3 步开启机床的切削液。此外,每组工况试验运行完成后,需等待机床充分冷却,然后进行其他工况的模拟试验。

试验系统设置的说明如下:

(1)关于为何要将机床工件主轴的冷却水温度作为建模关键点。在进行机床主轴热误差试验时,做了一项测试。该测试设置主轴停止转动,主电动机冷却水继续运行。当主轴停转时,轴承不再发热,但变形随冷却水的温度变化而变化,进出冷却水管的温度传感器布局,如图 5-11 所示,对应的冷却水温度和误差曲线的形状对比如图 5-12 所示。由图 5-12 可见,电动机冷却水温度曲线与热误差曲线趋势呈现出极大的相关性。从图 5-12 中观察得以下结论:当升温时机床变形受到轴承温升和电动机温升共同作用而变形;如电动机停转,此时轴承不再发热,在只有冷却水温度变化影响而没有其他热源影响的前提下,机床的热变形随主轴电动机冷却水的温度变化而变化。因此,将冷却水温度作为建模的温度对提升模型鲁棒性很重要。

图 5-11　冷却水和切削液温度传感器布局

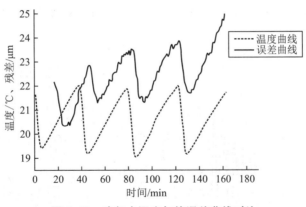

图 5-12 冷却水温度与热误差曲线对比

（2）试验环节设置中，为何会有 20 min 停止时间，其原因在于机床在加工时通常会有工件更换或修磨砂轮，这个时间内主轴是停止转动的。当机床再次运行时，机床的热误差初始值会有较大变化。

（3）切削液在数控磨床加工时对热误差影响非常明显，在工况 3 增加切削液也是为了测试误差模型在工况差异时的鲁棒性。

5.5　模型效果验证

为了验证本章提出的数据驱动模型的预测效果，测试选择使用率较高的多元线性回归模型与之比较。通过模拟工况 1 的测试数据，构建多元线性回归模型：

$$y = 38.76 + 0.38T_1 - 1.56T_2 + 6.6T_3 - 6.81T_4 \tag{5-14}$$

工况 2 和工况 3 轴线方向的热伸长测量值在滤除粗大误差后，可以得到如图 5-13 和 5-15 所示的时间-误差曲线。对比图 5-13 和图 5-15 可见，当机床运行时，增加切削液，对热伸长有一定的抑制作用，热伸长的最大值降低了 4 μm 左右。这说明了切削液是影响模型预测精度的因素之一。

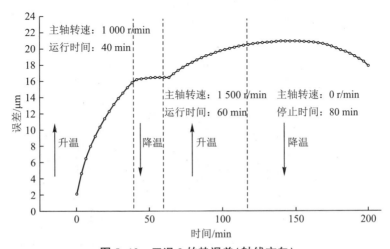

图 5-13　工况 2 的热误差（轴线方向）

图 5-14 和图 5-16 分别是工况 2 和工况 3 的轴线热伸长预测效果图。由图 5-14 可以看出，在工况 2 的情况下，多元线性回归模型和数据驱动模型的预测精度差不多，前者的预

测精度甚至好于所提出模型。这说明当工况差异不大且没有使用切削液时,两种方法的误差预测能力相近。

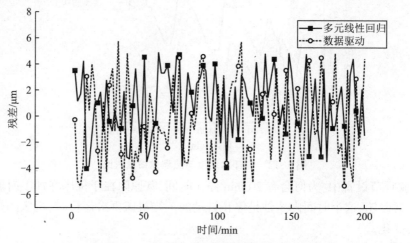

图 5-14 工况 2 预测残差(轴线方向)

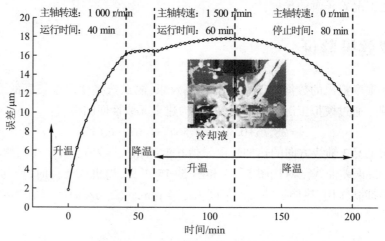

图 5-15 工况 3 的热误差(轴线方向)

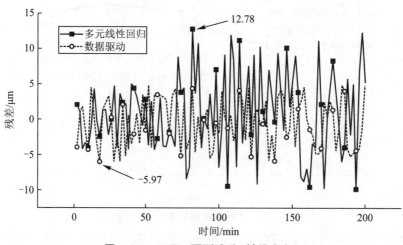

图 5-16 工况 3 预测残差(轴线方向)

表 5-2 所示为工况 2 条件下,多元线性回归模型和数据驱动模型的轴线热伸长预测精度比较。从表 5-2 中可以看出,在工况 2 时,标准差、最大残差和误差平方和这三项指标,多元线性回归模型的预测精度都略高于数据驱动模型。

表 5-2　工况 2 预测精度比较(轴线方向)

模型	标准差/μm	最大残差/μm	误差平方和/μm^2
多元线性回归	2.6	4.9	703
数据驱动	3.1	5.7	1 008

图 5-16 为工况 3 时的轴线热伸长预测效果残差图。由图 5-16 可见,多元线性回归模型的精度在 65 min 左右时突然变差,而数据驱动模型的预测精度比较稳定。结合试验工况变化现象可以说明,工况 1 的建模工况和工况 3 的预测工况,在前 60 min 时基本一致,预测精度稳定。但在 60 min 后,工况 3 增加了冷却液,这是建模时没有的工况,也称为"未建模工况",这种"未建模工况"导致了多元线性模型的预测鲁棒性变差。

表 5-3 所示为工况 3 的轴向热伸长预测精度对比。对比表 5-3 和表 5-2 发现,工况 3 的多元线性回归模型的标准差比工况 2 时的标准差增加 1 倍多,最大残差也由 4.9 μm 增加到了 12.7 μm;误差平方和由 703 μm^2 增加到 3 366 μm^2。而数据驱动模型的各项指标,虽然有所增加,但增加幅度不大。这也表明,在工况有差异时数据驱动模型也能表现出良好的鲁棒性。

表 5-3　工况 3 预测精度比较(轴线方向)

模型	标准差/μm	最大残差/μm	误差平方和/μm^2
多元线性回归	5.8	12.7	3 366
数据驱动	3.4	5.7	1 148

图 5-17 和图 5-18 分别为工况 2 时,时间-热偏摆角误差曲线图和时间-预测残差对比图。由图 5-17、图 5-18 的热偏摆结论和图 5-13、图 5-14 的轴线方向的热伸长的分析结论一致。

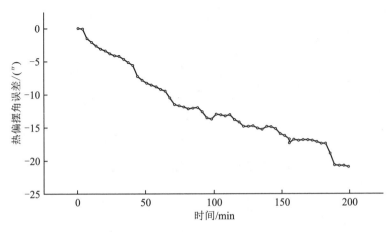

图 5-17　工况 2 的热偏摆角误差

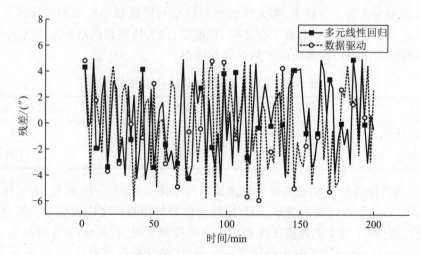

图 5-18　工况 2 的热偏摆角残差

表 5-4 所示为工况 2 时多元线性回归模型和数据驱动模型对热偏摆角误差预测精度的对比。在工况 2 时,多元线性回归模型的预测精度略高。

表 5-4　工况 2 预测精度比较(热偏摆角)

模型	标准差/(″)	最大残差/(″)	误差平方和/(″)²
多元线性回归	2.8	4.9	804
数据驱动	3.2	5.8	1 053

图 5-19 和图 5-20 分别为工况 2 时,时间-热偏摆角和时间-预测残差曲线对比图。由图 5-20 可见,当多元线性回归模型遇到"未建模工况"时,表现出的鲁棒性很差。而观察数据驱动模型的预测残差时可以发现,数据驱动模型在 65 min 左右时,遭遇"未建模工况"时,也表现出了残差突然变大。但随着新驱动数据对模型不断的修正,模型的预测精度又变回了正常值。由此可以看出,数据驱动模型具有很强的"未建模工况"适应能力。

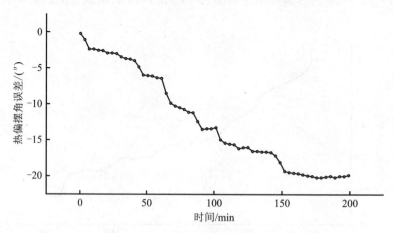

图 5-19　工况 3 的热偏摆角误差

表 5-5 所示为工况 3 的预测精度对比。对比表 5-5 和表 5-4 发现,多元线性回归模型的标准差和工况 2 的标准差比较,大幅增加,最大残差也由 4.9″增加到 9.7″;误差平方和由

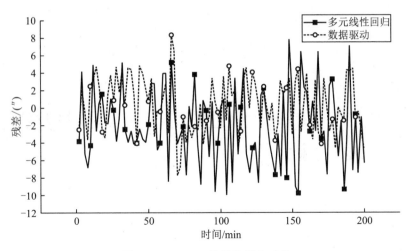

图 5-20 工况 2 的热偏摆角残差

804$(")^2$ 增加到 2 314$(")^2$。数据驱动模型的最大残差虽然也有所增大,但从误差平方和这个指标观察,其值不仅没有增加还减少了,这说明仅有个别点的残差大,但整体精度与多元线性回归模型比较,还是具有明显的优势。因此,从整个试验对比可以看出,针对"未建模工况"时,数据驱动模型具有很好的鲁棒性和预测精度。

表 5-5 工况 3 预测精度比较(热偏摆角)

模型	标准差/$(")$	最大残差/$(")$	误差平方和/$(")^2$
多元线性回归	4.8	9.7	2 314
数据驱动	3.1	8.3	1 014

6 基于 SIEMENS 840D 的热误差补偿

6.1 引言

热误差是导致机床精度下降的主要因素之一,目前,在解决热误差引起的机床精度问题时,热误差补偿是较为经济有效的方法。热误差补偿实施中,主要利用外加补偿设备和系统自带补偿功能两种方式实施补偿。采用外加补偿装置的方法时,在数控系统的资源使用方面受到了严格限制,很难保证补偿的同步性和实时性,而且在实施补偿过程中容易干扰数控系统自身的实时任务。

数控蜗杆砂轮磨齿机采用 SIEMENS 840D 系统,本研究采用 SIEMENS 840D 系统自带的热误差补偿模块实施误差补偿。通过分析 SIEMENS 840D 系统自带的热误差补偿模块的缺陷,对软硬件补偿系统进行改进,将系统的单温数据采集功能变为多温度数据采集。改进后,模块把经过处理后的温度和位置信号导入热误差补偿模型中,实时计算各向进给系统的热误差补偿量,最后将补偿量赋给数控系统,完成热误差的实时补偿。

6.2 SIEMENS 840D 热误差补偿功能及实施方法

为了解决数控机床在加工过程中各种因素(如机床部件摩擦生热、切削热、电动机发热和环境温度变化等)引起的热变形问题,SIEMENS 840D 系统开发了温度补偿功能。采集关键点的温度预测热误差,即可实现数控机床的热误差补偿。下面对热误差补偿功能及其实现方法进行详细介绍。

6.2.1 SIEMENS 840D 补偿功能简介

SIEMENS 840D 数控系统是将数字控制器、可编程控制器和人机操作界面集成于一体的控制系统,以操作面板形式安装在机床上,本试验所用数控磨齿机床的操作系统面板如图 6-1 所示。SIEMENS 840D 的补偿功能模块主要有螺距误差补偿、反向间隙补偿、垂度误差补偿、零点偏置和热误差补偿等。其中,前三种功能在设计时没有考虑温度对机床精度的影响,不可用于数控机床热误差的补偿。零点偏置和热误差补偿功能模块可以实现热误差的补偿。下面就零点偏置和热误差补偿功能模块进行介绍。

图 6-1 SIEMENS 840D 数控系统操作面板

6.2.1.1 零点偏置

零点偏置功能可以将数控机床的零点位置移动到期望的零点。在热误差补偿时,可以将计算出的热误差补偿值通过零点偏置功能补偿到加工量上。但是,SIEMENS 840D 数控系统的零点偏置功能主要是通过 G54、G55、G56、G57、G58、G59 等偏置指令进行控制。其中,G54~G57 指令只能通过数控机床的操作面板输入进行设定,无法在加工过程中修改误差进行设定,因此只能应用于已知的确定误差补偿;G58 和 G59 为可编程型偏置指令,这类指令需要在预先知道零件尺寸变化规律的前提下,将变化规律体现在程序中,这类指令在热误差补偿中实施难度较大。此外,零点偏置功能还有外部零点偏置,它是通过 PLC 的外部专用偏置地址进行传输的。但是偏置量非即刻生效,没激活无法使用。

6.2.1.2 热误差补偿

SIEMENS 840D 数控系统自带有两种热误差补偿功能:一种是与位置无关的热误差补偿,这种热误差补偿与机床进给轴位置无关,仅与温度相关(加工中心、数控车床、数控磨床主轴的热伸长就属于这种类型);另一种是与位置有关的热误差补偿,该功能与进给轴的位置相关,在进给轴的不同位置热误差数值有差异[205]。下面对 SIEMENS 840D 数控系统的补偿方法进行简单介绍。

(1)补偿系统拟合公式。图 6-2 为温度 T 时机床进给轴的热误差曲线图。图 6-2 中显示了进给轴的位置和对应位置误差间的关系。图 6-2 中的误差拟合直线是对实际误差曲线的拟合,误差拟合曲线可表示为

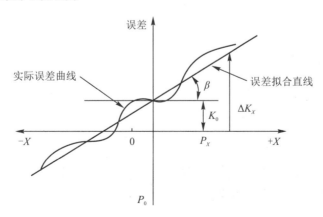

图 6-2 某温度 T 时机床进给轴的热误差曲线

$$\Delta K_X = K_0(T) + \tan \beta(T)(P_X + P_0) \tag{6-1}$$

式中,ΔK_X 为 P_X 点处的实际误差值;$K_0(T)$ 表示与位置无关的热误差补偿值;P_X 表示进给轴的实际位置;P_0 表示进给轴上的参考点;$\tan \beta(T)$ 表示与位置相关的热误差补偿系数,实际上是误差曲线的拟合直线斜率,即

$$\tan \beta(T) = (T - T_0) \frac{TK_{\max}}{T_{\max} - T_0} \tag{6-2}$$

式中,T_0 表示位置相关点误差为零时的温度;$T_{\max}$ 表示测量的最高温度;$TK_{\max}$ 表示最大温度系数,它表示在测得的最高温度下,进给轴每进给 1 000 mm 所对应的最大误差,如图 6-3 所示。

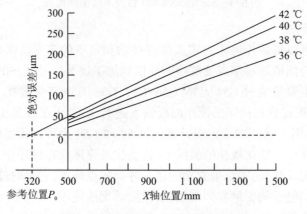

图 6-3　不同温度 X 轴误差拟合直线

此外,在 SIEMENS 840D 系统中,与位置无关的热误差补偿可以表示为

$$\Delta K_X = K_0(T) \tag{6-3}$$

与位置有关的热误差补偿也可表示为

$$\Delta K_X = \tan \beta(T)(P_X + P_0) \tag{6-4}$$

(2)系统的相关参数设置。在 SIEMENS 840D 系统中,$K_0(T)$、P_0、$\tan\beta(T)$ 的设置方法及意义如表 6-1 所示。将上述公式中的参数设置好后,数控系统接收到温度值后即可计算补偿值,插补单元在接到数控指令后便对运动轴进行修正。

表 6-1　热误差模型相关参数设置

参数	相关设置	意义
$K_0(T)$	SD43900:TEMP_COMP_ABS_VALUE	与位置无关的热误差补偿值
P_0	SD43920:TEMP_COMP_REF_POSITION	与位置相关热误差补偿值参考点位置
$\tan \beta(T)$	SD 43910:TEMP_COMP_SLOPE	某时刻位置相关的误差拟合斜率

除了进行上面的建模和设定外,热误差补偿前还需要按照表 6-2 进行设置。首先,判断热误差为"位置有关"还是"位置无关",当为"位置无关热误差补偿"时,将"MD32750:TEMP_COMP_TYPE"设置为"1";当为"位置相关热误差补偿"时,将上述值设置为"2";取消热误差补偿时将上述值设置为"0"。然后,补偿过程中通过修改表 6-1 中 $K_0(T)$、P_0 和 $\tan \beta(T)$ 参数实现热误差的计算和补偿。图 6-4 为系统热误差补偿示意图。

表 6-2　热误差补偿类型参数设置

补偿分类	热误差补偿类型编号 MD32750:TEMP_COMP_TYPE	相关设置
未激活热误差补偿	0	无
激活位置无关热误差补偿	1	SD43900:TEMP_COMP_ABS_VALUE
激活位置相关热误差补偿	2	SD43920:TEMP_COMP_REF_POSITION SD43910:TEMP_COMP_SLOPE

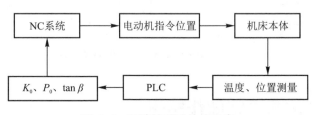

图 6-4　系统热误差补偿示意

上述温度补偿原理虽然能实现进给系统的热误差补偿,但由于实际加工情况和自身算法的限制,仍需要完善如下几部分:

(1)热误差补偿功能在 ΔK_X 和 $\tan \beta$ 计算时,只有一个温度测点数据,缺失的温度信息将导致补偿值计算的精度和模型鲁棒性变差。因此,必须在热误差补偿算法中增加表征机床进给轴温度状态的关键温度测点个数。

(2)在上述热误差公式中,系统自带的参数预测计算方法采用的是线性拟合。该方法的预测精度和泛化能力均较低,无法适应进给轴热误差非线性的特点,因此,需要选择预测性能更好的方法来提升热误差补偿的准确性。

(3)在式(6-2)中,参考温度 T_0 的设置并不合理。如设 T_0 为 23 ℃,考虑到机床所处的环境温度不断变化,根据式(6-1),则进给轴在机床未开机使用前就已经需要进行热误差补偿了,显然不符合实际情况。因此,必须在热误差补偿中考虑环境温度的影响。

6.2.2　SIEMENS 840D 数控系统热误差补偿实施

SIEMENS 840D 数控系统虽然具备热误差补偿功能,但在实际应用时,还是存在一些问题,如系统自带的补偿模型只有一个输入的温度变量,系统的模型与实际建立的模型有差异,自编模型无法直接输入系统进行补偿等。为了解决上述问题,使 SIEMENS 840D 数控系统的热误差补偿功能应用于实际,需要开发具有热误差温度采集和补偿功能的软件。

热误差温度采集模块和热误差补偿模块在系统中的作用如图 6-5 所示。温度采集模块主要由温度传感器、温度变送器和数据采集卡组成,通过 RS232 串行通信接口将温度信号实时传输给热误差补偿模块。热误差补偿模块中补偿软件根据实时的温度数据计算热误差值,将其传输给 NCK 控制器执行补偿,最后 NC 机床实现误差补偿。

SIEMENS 840D 数控系统有开放性限制,补偿模型计算出的热误差补偿值无法直接传送给系统,只能通过 OPC 服务器修改 PLC 和 NCK 中的变量来实现参数传递。图 6-5 中,误差补偿模块首先通过补偿模型计算热误差值,然后利用 OPC 服务器把补偿量写进 PLC,补偿量再通过 PLC 间接地写入 SD43900 或 SD43920 设置,触发热误差补偿功能。

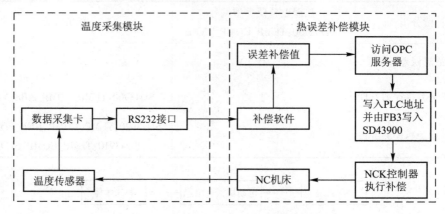

图 6-5　系统热误差补偿实施原理示意

6.3　热误差补偿系统软硬件结构

考虑到 SIEMENS 840D 数控系统热误差补偿中的缺陷,针对图 6-5 所示的系统热误差补偿实施原理,分别从硬件和软件两方面对补偿系统进行了设计和实施。

6.3.1　热误差补偿硬件结构

图 6-5 所示的热误差补偿系统可分解为硬件系统和软件系统,以试验机床为例,该机床热误差在线补偿系统的硬件组成如图 6-6 所示。

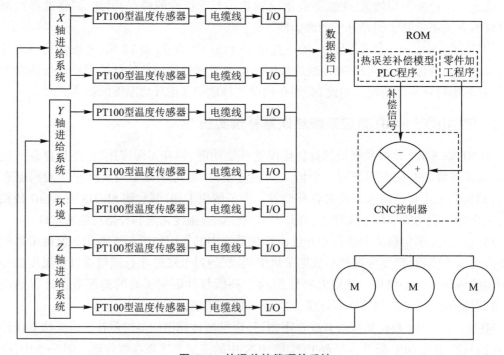

图 6-6　热误差补偿硬件系统

由图 6-6 可知,在热误差补偿系统的硬件方面,在进给系统硬件的关键点上添加温度传感器实现温度采集即可实现温度数据的传输。只需外购 PT100 型温度传感器,及相应长度的电缆线,对数控系统及机床本体影响很小。

6.3.2 热误差补偿软件结构

软件系统的主要任务是通过数据信号的处理,计算出进给系统的热误差补偿值。图 6-7 所示为热误差在线补偿软件系统功能模块示意图。

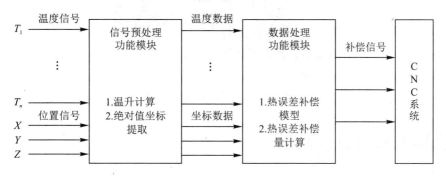

图 6-7 热误差在线补偿软件系统功能模块示意

由图 6-7 可知,热误差补偿软件系统主要由信号预处理、数据处理和误差补偿三个功能模块构成,其中,数据处理模块是核心功能模块。该模块把经过处理后的温度和位置信号导入热误差补偿模型中,实时计算各向进给系统的热误差补偿量,最后将补偿量赋给数控系统,完成热误差的实时补偿。

6.3.2.1 信号预处理功能模块

以试验机床的 X 轴进给系统为例,假设选定的热关键点为 T_{X1}, T_{X2},…, T_{Xn},通过 I/O 接口将温度信号送入系统。机床数控系统开启后,延时 1 min 再采集热关键点的冷机温度。延时的目的是避免数控系统和温度采集系统启动时,温度传感器和数据采集卡的取值错误。在机床运行过程中实时采集热关键点的温度值,与冷机温度进行实时比较,当某个关键点的温升值大于 1 ℃时,将 MD32750 设置的值设为"2",启动与位置相关的热误差补偿功能。

6.3.2.2 数据处理功能模块

根据 SIEMENS 840D 数控系统热误差补偿原理,热误差补偿的关键在于根据机床的温度状况实时准确地预测 ΔK_x 和 $\tan \beta$ 的值。由于系统自带的线性拟合方式已无法满足热误差的非线性变化特征,因此可根据进给系统热误差补偿数学模型,利用 PLC 编程将模型集成在 SIEMENS 840D 数控系统的瞬时寄存器(ROM)中。

6.3.2.3 误差补偿功能实现

SIEMENS 840D 数控系统接收到补偿信号后,分别将计算得到的补偿值赋给 X、Y、Z 地址,补偿机床热误差。

最后,在 SIEMENS 840D 数控系统中导入开发完成的 PLC 程序,如图 6-8 所示。完成试验样机进给系统热误差在线补偿应用的准备工作。

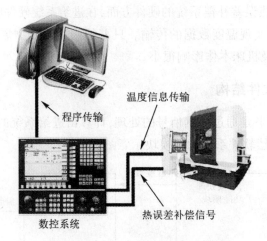

图 6-8 将 PLC 程序导入数控系统

6.4 热误差补偿效果验证

6.4.1 试验设计

为了检验试验样机进给系统热误差在线补偿软件系统的有效性,设计了热误差在线补偿试验。采用上述热误差补偿方法,使用第 3 章介绍的方法,在一台数控砂轮磨齿机上对其进给轴进行补偿。试验机床如图 6-9 所示。

6.4.1.1 试验过程

步骤一:确定试验对象,温度传感器 PT100 不必接到温度巡检仪上,直接将其连接到 SIEMENS 840D 数控系统的 A/D 输入接口上。

步骤二:根据试验进给轴方向,调整激光干涉仪测量定位误差,完成对光、检测程序初始化等工作。

图 6-9 试验机床

步骤三:开启机床,使试验样机进给轴按照混合进给速度空载运行,返回时以系统给定的最大退刀速度运行。

步骤四:进给轴运行一段时间后,当任何测点温度升温 1 ℃,热误差在线补偿功能自行启动。根据实时测量的关键点的温升,热误差补偿模块计算补偿值,并利用原点偏移法实现热误差在线补偿。

步骤五:进给轴每运行一定时间,激光干涉仪测量一次定位误差,如图 6-10 所示。测量时注意设置超程,防止引入回程误差。

6.4.1.2 试验效果分析

通过上述试验,测得试验机床机床补偿前后的定位误差变化情况,分析补偿效果。通过试验得到机床热误差的变化情况如表 6-3 所示。

图 6-10 热误差测量

表 6-3 热误差补偿效果

进给方向	环境温度变化范围/℃		热误差变化范围/μm	
	补偿前	补偿后	补偿前	补偿后
X	20.6~22.4	20.9~23.1	0~67	25~34
Z	20.4~23.5	20.7~23.6	0~79	27~38

由表 6-3 可知,试验样机在恒温车间,采用相同试验条件测量得到的热误差变化范围相差较大。热误差在线补偿可在一定程度上提高进给系统的定位精度,如图 6-11 所示。热误差在线补偿后,机床精度最高能改善 68%。

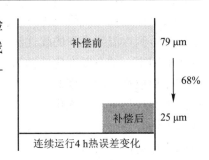

图 6-11 热误差补偿前后效果对比

7 总结与展望

7.1 总结

本书针对热误差严重影响数控磨齿机床使用精度的现状,基于热误差补偿的思路,以多工况鲁棒建模及补偿技术为设计理念,就数控磨齿机床的进给系统、工件主轴及砂轮主轴,研究了工况变化条件下机床关键点的布局及建模变量的优化、热误差模型的构建及补偿。

7.1.1 主要研究工作

7.1.1.1 测点布置及建模变量优化

将滚珠丝杠系统简化为一维杆,基于热量传递原理和热弹性运动方程,分析了一维杆热变形和各测点温度之间的线性和非线性关系,根据最佳测点的时频域公式,分析了最佳测点的影响因素。结合温度传感器沿变形方向轴线布置策略,提出了基于线性测点虚拟构造法和特征提取算法的温度变量优化方法。在数控磨齿机床进给系统进行了试验,提出方法与模糊聚类灰相关测点优化方法建立的误差模型预测结果比较,标准差平均降低了 51%,最大残差平均减少了 2.4 μm。提出方法建立的模型精度高、鲁棒性好,为其他类型机床建模自变量的优化提供了参考。

7.1.1.2 数控磨齿机床进给系统热误差试验建模

对单一预测模型的预测效果进行了试验分析,结果表明,当工况变化较大时,温度场和热误差有较强的非线性特征,单一模型预测鲁棒性差。基于上述分析,提出一种基于贝叶斯网络分类器热误差模型,以贝叶斯理论为基础,借助专家知识确定分类器的网络结构,通过后验概率分布的求解确定父、子节点间的条件概率密度,从而构建温度分类器,实现不同工况温度的分类。根据进给系统误差分离原理,采用线性和多项式拟合方法分别构建热误差和几何误差模型,通过两拟合模型的线性叠加构建误差综合模型。在数控磨齿机床的验证表明,针对多种工况的预测,贝叶斯分类模型相对于单一工况模型的平均标准差由 8.67 μm 降到 5.5 μm,平均最大残差由 17.16 μm 降到 6.9 μm。提出方法避免了单一模型难以适应多种工况的问题,增强了预测针对性,改善了模型的预测精度和鲁棒性。

7.1.1.3 数控磨齿机床主轴系统热误差建模

进行了工件主轴和砂轮主轴的建模研究。针对工件主轴,为避免传感器受切削液影响及测点间多元共线性对模型鲁棒性的影响,提出了无温度传感器热误差分类模型。根据电动机热损耗、轴承摩擦热、热传导、散热机制及热变形微分方程构建主轴温度场基础公式;考虑工件主轴实际结构,结合热弹性运动方程推导出主轴热变形公式;通过试验工况数据修正温度场公式和热变形公式。试验验证了提出方法的可行性。针对砂轮主轴,提出了一种数控机床热误差的数据驱动控制模型。将一般非线性 MISO 系统定义为紧格式动态线性化模型的形式。离线数据用于确定模型基本参数,在线数据可实时修改模型,快速适应新工况,解决未建模动态对模型预测性能的影响。通过数据驱动方法的研究,为大数据在热误差补偿中的应用奠定了基础。

7.1.1.4 数控磨齿机床误差补偿实施

通过分析 SIEMENS 840D 数控系统自带的热误差补偿模块的特点,对软硬件补偿系统进行了设计,将系统的单温数据采集功能变为多温度数据采集。对进给系统进行了试验验证,机床运行 4 h,热误差补偿实施补偿后,误差由 79 μm 降为 25 μm,数控机床的精度大幅提高。

7.1.2 主要创新点

7.1.2.1 提出了基于线性测点虚拟构造法和特征提取算法的温度特征变量优化方法

针对变工况条件下,测点的温度与热变形间线性关系不稳定及多元共线性对模型鲁棒性的影响,通过测点虚拟构造法构建温度与热变形间呈线性的最佳测点,改善了由于变工况条件下建模测点的线性关系不稳定导致的模型鲁棒性差;利用特征提取算法,对测量温度数据进行变换,提取出关键特征,这些关键特征可以最大程度地表达原始数据的信息,使用转化后的特征变量建立的热误差模型能有效消除测点间多元共线性对模型鲁棒性和预测精度的影响。提出的方法为变工况下热误差模型自变量的优化提供了参考。

7.1.2.2 提出了基于贝叶斯网络的变工况热误差分类补偿模型

针对工况差异大时,传统模型预测精度低、鲁棒性差的问题,提出了基于贝叶斯网络的变工况热误差分类补偿。以贝叶斯理论为基础,借助专家知识确定分类器的网络结构,通过后验概率分布的求解确定父、子节点间的条件概率密度,从而构建温度分类器,实现不同工况温度的分类;根据进给系统误差分离原理,采用线性和多项式拟合方法分别构建热误差和几何误差模型,通过两拟合模型的线性叠加构建误差综合模型。数控磨齿机床上的变工况试验表明,提出的方法有效改善了模型预测精度和鲁棒性,为变工况环境下的热误差建模提供借鉴。

7.1.2.3 提出了数控磨齿机床工件主轴无温度传感器分类建模方法

针对 YKZ7230 型数控磨齿机切削加工时,切削液影响温度传感器的最优布测以及采用传感器信息建模时可能引起的测点间多元共线性问题,基于电动机热损耗及轴承摩擦热,建立了主轴整体热量方程,根据升(降)温过程的对流换热系数的差异结合整体热量方程分别构建升(降)温初始理论模型;基于主轴几何结构解析和热变形微分方程,建立升(降)温热变形初始理论模型,使用实际工况的温度和热误差信息修正上述理论模型。此方法物理意义明确,为机床热误差机制分析奠定基础,在工程上具有实用价值。

7.1.2.4 提出了数控磨齿机砂轮主轴的数据驱动热误差建模方法

以模型控制理论为基础的传统建模方法很难避免由于工况变化导致的"鲁棒性差"和"未建模动态"等问题。基于数据驱动理论,定义热误差一般非线性系统,通过热误差离线数据确定温度和热误差的变化区间,据此定义紧格式动态线性化模型,推导了数据驱动的无模型自适应控制律公式,使用加工中产生的实时数据在线修改模型,追踪热变形动态。在磨齿机床砂轮主轴的试验证明了数据驱动模型的高鲁棒性和对"未建模动态"的快速适应性。使大数据在数控机床热误差建模中的应用成为可能。

7.2 存在问题及研究展望

机床热误差受热源位置、热源强度、机床结构及加工参数等诸多复杂因素耦合影响,表现出时滞、时变、综合非线性等特性,难以建立适用性强的数学模型。虽然论文就数控磨齿机床测点布置及优化、建模及补偿技术作了初步研究,但由于时间限制,还有诸多关键问题需进一步研究,主要有以下几点:

7.2.1 建立实际工况参数驱动的数控磨齿机床整机热误差理论模型

基于进给系统伺服电动机、主轴电动机等内生热源的功率耗散分析及丝杠螺母副、导轨滑块、主轴轴承等摩擦副生热机制分析,结合实际工况参数建立整机热误差理论模型。

7.2.2 分段热误差补偿在实际应用中的效果研究

本书对不同工况的热误差分类建模进行了尝试,机床在不同工况下的预测精度显著提高。但在数控磨齿机床上进行的试验仅选择了典型工况,试验数量有限,还需要推广到其他机床、复杂工况上继续验证。此外,工况的划分关系到分段预测模型的数量和提出方法的可推广性。因此,哪些工况是相近工况,如何有效划分工况,这些问题也都是下一步的研究重点。

7.2.3 大数据在热误差建模中的应用研究

随着大数据技术的发展,可以将大数据的分析处理技术应用到热误差领域。因此,本书提出了基于数据驱动的热误差建模,并在数控磨齿机床的砂轮主轴上进行了验证,效果较好。但应用大数据对热误差建模还存在机床上数据如何标准化采集,数据驱动模型如何集成在数控系统中等问题,后续研究应集中于大数据驱动时模型的自适应能力研究、温度和热变形数据的标准化采集和数据驱动模型如何集成到数控机床等问题。

参考文献

［1］BRYAN J. International status of thermal error research［J］. CIRP Annals – Manufacturing Technology, 1990,39(2):645-656.

［2］LI Y, ZHAO W, LAN S, et al. A review on spindle thermal error compensation in machine tools［J］. International Journal of Machine Tools and Manufacture, 2015,95:20-38.

［3］HUANG S, FENG P, XU C, et al. Utilization of heat quantity to model thermal errors of machine tool spindle［J］. The International Journal of Advanced Manufacturing Technology, 2018,97(5-8):1733-1743.

［4］RAMESH R. Error compensation in machine tools — a review Part II: thermal errors ［J］. International Journal of Machine Tools and Manufacture, 2000,40(9):1257-1284.

［5］WECK M, MCKEOWN P, BONSE R, et al. Reduction and compensation of thermal errors in machine tools［J］. CIRP Annals – Manufacturing Technology, 1995,44(2):589-598.

［6］李永祥.数控机床热误差建模新方法及其应用研究［D］.上海:上海交通大学,2007.

［7］YANG S, YUAN J, NI J. The improvement of thermal error modeling and compensation on machine tools by CMAC neural network ［J］. International Journal of Machine Tools and Manufacture, 1996,36(4):527-537.

［8］RAMESH R, MANNAN M A, POO A N. Support Vector Machines model for classification of thermal error in machine tools［J］. International Journal of Advanced Manufacturing Technology, 2002,20(2):114-120.

［9］YANG H, NI J. Dynamic modeling for machine tool thermal error compensation［J］. Journal of manufacturing science and engineering, 2003,125(2):245-254.

［10］WU C H, KUNG Y T. Thermal analysis and compensation of a double-column machining centre［J］. Proceedings of the Institution of Mechanical Engineers Part B Journal of Engineering Manufacture, 2006,220(2):109-117.

［11］张毅, 杨建国.基于灰色理论预处理的神经网络机床热误差建模［J］.机械工程学报, 2011,47(7):134-139.

［12］JIN C, WU B, HU Y, et al. Temperature distribution and thermal error prediction of a CNC feed system under varying operating conditions［J］. Precision Engineering, 2015:1979-1992.

［13］YANG J, SHI H, FENG B, et al. Thermal error modeling and compensation for a high-speed motorized spindle［J］. The International Journal of Advanced Manufacturing Technology, 2015,77(5-8):1005-1017.

［14］FERREIRA P M, LIU C R. A method for estimating and compensating quasistatic errors of machine tools［J］. Journal of Engineering for Industry, 1993,115(1):149.

［15］RAMESH R, MANNAN M A, POO A N. Thermal error measurement and modelling in machine tools［J］. International Journal of Machine Tools and Manufacture, 2003,43(4):

391-404.

[16] KIM H S, PARK K Y. A study on the epoxy resin concrete for the ultra-precision machine tool bed[J]. Journal of materials processing technology, 1995,48(1-4):649-655.

[17] CHIEN C H, JANG J Y. 3-D numerical and experimental analysis of a built-in motorized high-speed spindle with helical water cooling channel[J]. Applied Thermal Engineering, 2008,28(17-18):2327-2336.

[18] GRAMA S N, MATHUR A, BADHE A N. A model-based cooling strategy for motorized spindle to reduce thermal errors [J]. International Journal of Machine Tools and Manufacture, 2018,132:3-16.

[19] 陈子辰,陈兆年.机床热态特性学基础[M].北京:机械工业出版社,1989.

[20] SUN L, REN M, HONG H, et al. Thermal error reduction based on thermodynamics structure optimization method for an ultra-precision machine tool[J]. The International Journal of Advanced Manufacturing Technology, 2017,88(5-8):1267-1277.

[21] 杨建国.数控机床误差综合补偿技术及应用[D].上海:上海交通大学,1998.

[22] 邓小雷,林欢,王建臣,等.机床主轴热设计研究综述[J].光学精密工程,2018,26(6):1415-1429.

[23] SPUR G, HOFFMANN E, PALUNCIC Z. Thermal behaviour optimization of machine tools [J]. CIRP Annals - Manufacturing Technology, 1988,37(1):401-405.

[24] ZHANG G, Veale R, Charlton T. Error compensation of coordinate measuring machines [J]. CIRP Annals - Manufacturing Technology, 1985,34(1):445-448.

[25] ZHAO H T, YANG J G, SHEN J H. Simulation of thermal behavior of a CNC machine tool spindle[J]. International Journal of Machine Tools and Manufacture, 2007, 47 (6): 1003-1010.

[26] ZHANG D X, LIU X L, SHI H M, et al. Identification of position of key thermal susceptible points for thermal error compensation of machine tool by neural network[C]//International Conference on Intelligent Manufacturing, International Society for Optics and Photonics, 1995: 156-162

[27] LIU H, MIAO E M, WEI X Y, et al. Robust modeling method for thermal error of CNC machine tools based on ridge regression algorithm[J]. International journal of machine tools and manufacture, 2017(113):35-48.

[28] 魏弦,高峰,李艳,等.龙门机床进给系统热误差模型关键点优化[J].仪器仪表学报,2016,37(06):1340-1346.

[29] WEI X, GAO F, LI Y, et al. Thermal errors classification compensation without sensor for CNC machine tools[J]. Mathematical Problems in Engineering, 2018(08):1-11.

[30] 张成新,高峰,李艳,等.基于分段拟合的机床大尺寸工作台热误差补偿模型[J].机械工程学报,2015(03):146-152.

[31] 杨佐卫,殷国富,赵世全,等.加工中心立柱系统热态特性分析模型与实验研究[J].机械设计与制造,2013(09):15-18.

[32] HEISEL U, KOSCSÁK G, STEHLE T. Thermography-based investigation into thermally induced positioning errors of feed drives by example of a ball screw[J]. CIRP Annals -

Manufacturing Technology, 2006,55(1):423-426.

[33] POSTLETHWAITE S R, PALLEN J, FORD D G. The use of thermal imaging, temperature and distortion models for machine tool thermal error reduction[J]. Proceedings of the Institution of Mechanical Engineers, Part B: Journal of Engineering Manufacture, 1998,212 (8):671-679.

[34] LO C, YUAN J, NI J. An application of real-time error compensation on a turning center [J]. International Journal of Machine Tools and Manufacture, 1995,35(12):1669-1682.

[35] LO C, YUAN J, NI J. Optimal temperature variable selection by grouping approach for thermal error modeling and compensation[J]. International Journal of Machine Tools and Manufacture, 1999,39(9):1383-1396.

[36] LEE J, YANG S. Statistical optimization and assessment of a thermal error model for CNC machine tools[J]. International Journal of Machine Tools and Manufacture, 2002,42(1): 147-155.

[37] 杨建国, 邓卫国, 任永强, 等. 机床热补偿中温度变量分组优化建模[J]. 中国机械工程, 2004(06):10-13.

[38] LI Y X, YANG J G, GELVIS T, et al. Optimization of measuring points for machine tool thermal error based on grey system theory[J]. The International Journal of Advanced Manufacturing Technology, 2008,35(7-8):745-750.

[39] YAN J Y, YANG J G. Application of synthetic grey correlation theory on thermal point optimization for machine tool thermal error compensation[J]. The International Journal of Advanced Manufacturing Technology, 2009,43(11-12):1124-1132.

[40] HAN J, WANG L, WANG H, et al. A new thermal error modeling method for CNC machine tools[J]. The International Journal of Advanced Manufacturing Technology, 2012,62(1-4):205-212.

[41] LIU Y, MIAO E, LIU H, et al. Robust machine tool thermal error compensation modelling based on temperature-sensitive interval segmentation modelling technology[J]. The International Journal of Advanced Manufacturing Technology, 2020,106(1-2):655-669.

[42] 黄娟, 肖铁忠, 李小汝, 等. 基于模糊C均值聚类算法的温度测点优化与建模研究 [J]. 机床与液压, 2015,43(19):56-58.

[43] YIN Q, TAN F, CHEN H, et al. Spindle thermal error modeling based on selective ensemble BP neural networks[J]. The International Journal of Advanced Manufacturing Technology, 2019,101(5-8):1699-1713.

[44] ZHOU Z, HU J, LIU Q, et al. The selection of key temperature measurement points for thermal error modeling of heavy-duty computer numerical control machine tools with density peaks clustering[J]. Advances in Mechanical Engineering, 2019,11(4):207-219.

[45] 钱华芳. 数控机床温度传感器优化布置及新型测温系统的研究[D]. 杭州: 浙江大学, 2006.

[46] 马驰, 赵亮, 梅雪松, 等. 基于粒子群算法与BP网络的机床主轴热误差建模[J]. 上海交通大学学报, 2016,50(5):686-695.

[47] 马驰, 杨军, 梅雪松, 等. 基于遗传算法及BP网络的主轴热误差建模[J]. 计算机集成

制造系统, 2015,21(10):2627-2636.

[48]李艳, 李英浩, 高峰, 等. 基于互信息法和改进模糊聚类的温度测点优化[J]. 仪器仪表学报, 2015(11):2466-2472.

[49]MIAO E M, NIU P C. Selecting temperature-sensitive points and modeling thermal errors of machine tools[J]. Journal of the Chinese Society of Mechanical Engineers, 2011,32(6): 559-565.

[50]苗恩铭, 龚亚运, 成天驹, 等. 支持向量回归机在数控加工中心热误差建模中的应用[J]. 光学精密工程, 2013,21(04):980-986.

[51]凡志磊, 李中华, 杨建国. 基于偏相关分析的数控机床温度布点优化及其热误差建模[J]. 中国机械工程, 2010,21(17):2025-2028.

[52]蔡力钢, 李广朋, 程强, 等. 基于粗糙集与偏相关分析的机床热误差温度测点约简[J]. 北京工业大学学报, 2016,42(07):969-974.

[53]赵瑞月, 梁睿君, 叶文华. 基于模糊聚类与偏相关分析的机床温度测点优化[J]. 机械科学与技术, 2012,31(11):1767-1771.

[54]MIAO E, LIU Y, LIU H, et al. Study on the effects of changes in temperature-sensitive points on thermal error compensation model for CNC machine tool[J]. International Journal of Machine Tools and Manufacture, 2015,97:50-59.

[55]苗恩铭, 刘义, 高增汉, 等. 数控机床温度敏感点变动性及其影响[J]. 中国机械工程, 2016(03):285-289.

[56]ZHANG C, GAO F, MENG Z, et al. A novel linear virtual temperature constructing method for thermal error modeling of machine tools[J]. The International Journal of Advanced Manufacturing Technology, 2015,80(9-12):1965-1973.

[57]LI Y, WEI W, SU D, et al. Thermal error modeling of spindle based on the principal component analysis considering temperature-changing process[J]. The International Journal of Advanced Manufacturing Technology, 2018,99(5-8):1341-1349.

[58]WEI X, GAO F, LI Y, et al. Study on optimal independent variables for the thermal error model of CNC machine tools[J]. The International Journal of Advanced Manufacturing Technology, 2018,98(1-4):657-669.

[59]杨漪, 姚晓栋, 杨建国, 等. 基于主成分分析与BP神经网络相结合的机床主轴热漂移误差建模[J]. 上海交通大学学报, 2013,47(5):750-754.

[60]苗恩铭, 刘义, 董云飞, 等. 数控机床热误差时间序列模型预测稳健性的提升[J]. 光学精密工程, 2016,24(10):2480-2489.

[61]杨漪. 加工中心热误差机理分析及误差实时补偿研究[D].上海:上海交通大学,2013.

[62]刘义. 数控机床热误差补偿模型稳健性理论分析及其应用技术研究[D].合肥:合肥工业大学,2017.

[63]KRULEWICH D A. Temperature integration model and measurement point selection for thermally induced machine tool errors[J]. Mechatronics, 1998,8(4):395-412.

[64]LEE D S, CHOI J Y, CHOI D H. ICA based thermal source extraction and thermal distortion compensation method for a machine tool[J]. International Journal of Machine Tools and Manufacture, 2003,43(6):589-597.

［65］LI Y, ZHAO W, WU W, et al. Boundary conditions optimization of spindle thermal error analysis and thermal key points selection based on inverse heat conduction［J］. The International Journal of Advanced Manufacturing Technology, 2017,90(9-12):2803-2812.

［66］高峰, 刘江, 李艳, 等. 基于 Kohonen 自组织竞争网络的机床温度测点辨识研究［J］. 中国机械工程, 2014(07):862-866.

［67］林伟青, 傅建中, 许亚洲, 等. 基于 LS-SVM 与遗传算法的数控机床热误差辨识温度传感器优化策略［J］. 光学精密工程, 2008(09):1682-1687.

［68］魏弦. 基于核主成分分析的热误差模型自变量优化［J］. 电子测量与仪器学报, 2017(12):2017-2022.

［69］YANG J, YUAN J, NI J. Thermal error mode analysis and robust modeling for error compensation on a CNC turning center［J］. International Journal of Machine Tools and Manufacture, 1999,39(9):1367-1381.

［70］ZHU J, NI J, SHIH A J. Robust machine tool thermal error modeling through thermal mode concept［J］. Journal of Manufacturing Science & Engineering, 2008,130(6): 763-771.

［71］KOEVOETS A H, EGGINK H J, VAN DER SANDEN J, et al. Optimal sensor configuring techniques for the compensation of thermo-elastic deformations in high-precision systems ［C］//Internation Workshop on Thermal Investigation of Ics & Systems, IEEE, 2007: 208-213.

［72］TAN F, YIN M, WANG L, et al. Spindle thermal error robust modeling using LASSO and LS-SVM［J］. The International Journal of Advanced Manufacturing Technology, 2018,94(5-8):2861-2874.

［73］RAMESH R, MANNAN M A, POO A N, et al. Thermal error measurement and modelling in machine tools. Part II. Hybrid Bayesian Network—support vector machine model［J］. International Journal of Machine Tools and Manufacture, 2003,43(4):405-419.

［74］苗恩铭, 吕玄玄, 魏新园, 等. 基于状态空间模型的数控机床热误差建模［J］. 中国机械工程, 2019,30(09):1049-1055.

［75］LIU K, WANG Y, LIU Y, et al. Research on thermo-mechanical coupled experiments and thermal deformation evolution of preloaded screw［J］. The International Journal of Advanced Manufacturing Technology, 2018,99(9-12):2441-2450.

［76］CHEN J S. A study of thermally induced machine tool errors in real cutting conditions ［J］. International Journal of Machine Tools and Manufacture, 1996,36(12):1401-1411.

［77］SHI X, WANG W, MU Y, et al. Thermal characteristics testing and thermal error modeling on a worm gear grinding machine considering cutting fluid thermal effect［J］. The International Journal of Advanced Manufacturing Technology, 2019,103(9-12):4317-4329.

［78］SHI X, ZHU K, WANG W, et al. A thermal characteristic analytic model considering cutting fluid thermal effect for gear grinding machine under load［J］. The International Journal of Advanced Manufacturing Technology, 2018,99(5-8):1755-1769.

［79］FAN K C, HUNG K Y. Error compensation of spindle expansion by cutting model on a machining center［M］. Belmont, CA: Duxbury press, 1995.

［80］MA Y, YUAN J, NI J. A strategy for the sensor placement optimization for machine thermal error compensation [J]. American Society of Mechanical Engineers, Manufacturing Engineering Division, 1999,10:629-637.

[81]CHEN J S. Fast calibration and modelling of thermally induced machine tool errors in real machining[J]. International Journal of Machine Tools and Manufacture, 1997,37(2): 159-169.

[82]WU C, KUNG Y. Thermal analysis for the feed drive system of a CNC machine center [J]. International Journal of Machine Tools and Manufacture, 2003,43(15):1521-1528.

[83]LI S, ZHANG Y, ZHANG G. A study of pre-compensation for thermal errors of NC machine tools[J]. International Journal of Machine Tools and Manufacture, 1997, 37(12): 1715-1719.

[84]夏军勇.热弹性效应和数控机床进给系统热动态特性的研究[D].武汉:华中科技大学,2008.

[85]金超.基于工况的数控加工热误差与切削振动预测方法研究[D].武汉:华中科技大学,2011.

[86]尹玲.机床热误差鲁棒补偿技术研究[D].武汉:华中科技大学,2011.

[87]苗恩铭,刘义,高增汉,等. 数控机床温度敏感点变动性及其影响[J]. 中国机械工程, 2016(03):285-289.

[88]SHI H, ZHANG D, YANG J, et al. Experiment-based thermal error modeling method for dual ball screw feed system of precision machine tool[J]. The International Journal of Advanced Manufacturing Technology, 2016,82(9-12):1693-1705.

[89]LEI M, JIANG G, YANG J, et al. Improvement of the regression model for spindle thermal elongation by a Boosting-based outliers detection approach[J]. The International Journal of Advanced Manufacturing Technology, 2018,99(5-8):1389-1403.

[90]DOS SANTOS M O, BATALHA G F, BORDINASSI E C, et al. Numerical and experimental modeling of thermal errors in a five-axis CNC machining center[J]. The International Journal of Advanced Manufacturing Technology, 2018,96(5-8):2619-2642.

[91]JEDRZEJEWSKI, KACZMAREK, KOWAL, et al. Numerical optimization of thermal behaviour of machine tools[J]. CIRP Annals - Manufacturing Technology, 1990,39(1): 379-382.

[92]JIN K C, DAI G L. Thermal characteristics of the spindle bearing system with a gear located on the bearing span[J]. International Journal of Machine Tools and Manufacture, 1998,38 (9):1017-1030.

[93]JIN K C, DAI G L. Characteristics of a spindle bearing system with a gear located on the bearing span[J]. International Journal of Machine Tools and Manufacture, 1997,32(2): 171-181.

[94]MA Y. Sensor placement optimization for thermal error compensation on machine tools [D]. Ann Arbor: University of Michigan, 2002.

[95]YUN W S, KIM S K, CHO D W. Thermal error analysis for a CNC lathe feed drive system [J]. International Journal of Machine Tools and Manufacture, 1999,39(7):1087-1101.

[96]KIM J D, ZVERV I, LEE K B. Thermal model of high-speed spindle units[J]. Intelligent

Information Management，2010，2(05)：306-315.

[97] MAYR J, ESS M, WEIKERT S, et al. Compensation of thermal effects on machine tools using a FDEM simulation approach[J]. Proceedings Lamdamap, 2009(9):218-229

[98] MAYR J, WEIKERT S, WEGENER K. Comparing the thermo-mechanical behaviour of machine tool frame designs using a FDM-FEM simulation approach[C].Proceedings ASPE annual meeting, 2007: 321-327.

[99] 肖曙红，郭军，张伯霖. 高速电主轴热结构耦合特性的有限元分析[J]. 机械设计与制造，2008(09):96-98.

[100] XIAO S H, GUO J, ZHANG B. Research on the motorized spindle's thermal properties based on thermo-mechanical coupling analysis[C]//International Technology & Innovation Conference,2009: 68-76.

[101] WANG J, ZHU C, FENG M, et al. Thermal error modeling and compensation of long-travel nanopositioning stage [J]. The International Journal of Advanced Manufacturing Technology, 2013,65(1-4):443-450.

[102] ZHANG J, FENG P, CHEN C, et al. A method for thermal performance modeling and simulation of machine tools [J]. The International Journal of Advanced Manufacturing Technology, 2013,68(5-8):1517-1527.

[103] BOSSMANNS B, Tu J F. A thermal model for high speed motorized spindles [J]. International Journal of Machine Tools and Manufacture, 1999,39(9):1345-1366.

[104] BOSSMANNS B, Tu J F. A power flow model for high speed motorized spindles——heat generation characterization[J]. Journal of Manufacturing Science and Engineering, 2001, 123(03):494-505.

[105] LIN C, TU J F, KAMMAN J. An integrated thermo-mechanical-dynamic model to characterize motorized machine tool spindles during very high speed rotation [J]. International Journal of Machine Tools and Manufacture, 2003,43(10):1035-1050.

[106] 刘明，章青. 运用多体理论和神经网络的机床热误差补偿[J]. 振动.测试与诊断，2010,30(06):657-661.

[107] 刘又午. 多体动力学在机械工程领域的应用[J]. 中国机械工程,11(1-2):144-149.

[108] 刘又午，章青，赵小松，等. 基于多体理论模型的加工中心热误差补偿技术[J]. 机械工程学报，2002,38(1):127-130.

[109] 赵小松，郭红旗，刘又午. 数控机床的误差模型[J]. 天津大学学报，2001(06): 723-726.

[110] 杨建国，许黎明，刘行，等. 加工中心的几何误差和热误差综合补偿模型[J]. 计量学报，2001(02):90-94.

[111] 任永强，杨建国. 五轴数控机床综合误差补偿解耦研究[J]. 机械工程学报，2004(02):55-59.

[112] 陈永鹏，曹华军，李先广，等. 高速干切滚齿机床热变形误差模型及试验研究[J]. 机械工程学报，2013,49(07):36-42.

[113] SU H, LU L, LIANG Y, et al. Thermal analysis of the hydrostatic spindle system by the finite volume element method [J]. The International Journal of Advanced Manufacturing

Technology, 2014,71(9-12):1949-1959.

[114]LIU J, MA C, WANG S, et al. Thermal contact resistance between bearing inner ring and shaft journal[J]. International Journal of Thermal Sciences, 2019(138):521-535.

[115]LIU J, MA C, WANG S, et al. Thermal-structure interaction characteristics of a high-speed spindle-bearing system[J]. International Journal of Machine Tools and Manufacture, 2019,137:42-57.

[116]LIU J, MA C, WANG S. Thermal contact conductance between rollers and bearing rings [J]. International Journal of Thermal Sciences, 2020(147):106-140.

[117]LIU K, LIU H, LI T, et al. Prediction of Comprehensive Thermal Error of a Preloaded Ball Screw on a Gantry Milling Machine[J]. Journal of Manufacturing Science and Engineering, 2018,140(2):021004.

[118]倪军. 数控机床误差补偿研究的回顾及展望[J]. 中国机械工程, 1997(01):29-33.

[119]RH M. Classical and modern regression with applications[M]. Belmont, CA: Duxbury Press, 1990.

[120]FOX J. Applied regression analysis, linear models, and related methods[M]. Thousand Oaks: Sage Publications, Inc, 1997.

[121]孙振宇.多元回归分析与 Logistic 回归分析的应用研究[D].南京:南京信息工程大学,2008.

[122]JęDRZEJEWSKI J, MODRZYCKI W. Intelligent Supervision of Thermal Deformations in High Precision Machine Tools[M].Thousand Oaks: Sage Publications, Inc, 1997.

[123]HUANG S C. Analysis of a model to forecast thermal deformation of ball screw feed drive systems[J]. International Journal of Machine Tools & Manufacture, 1995,35(8):1099-1104.

[124]李逢春, 王海同, 李铁民. 重型数控机床热误差建模及预测方法的研究[J]. 机械工程学报, 2016(11):154-160.

[125]KOHONEN T. An introduction to neural computing[J]. Neural Networks, 1988,1(1):3-16.

[126]ZENG H, SUN Y, ZHANG H. Thermal error compensation on machine tools using rough set artificial neural networks[C]//Computer Science and Information Engineering, 2009:51-55.

[127]OUAFI A E, GUILLOT M, BARKA N. An integrated modeling approach for ANN-based real-time thermal error compensation on a CNC turning center[J]. Advanced Materials Research, 2013(664):907-915.

[128]LI X. Real-time prediction of workpiece errors for a CNC turning centre, Part 2. modelling and estimation of thermally induced errors[J]. International Journal of Advanced Manufacturing Technology, 2001,17(9):654-658.

[129]CHEN J S, YUAN J, NI J. Thermal error modelling for real-time error compensation [J]. International Journal of Advanced Manufacturing Technology, 1996,12(4):266-275.

[130]MIZE C D, ZIEGERT J C. Neural network thermal error compensation of a machining center[J]. Precision Engineering, 2000,24(4):338-346.

［131］张毅.数控机床误差测量建模及网络群控实时补偿系统研究［D］.杭州:浙江大学,2011.

［132］傅建中,陈子辰.精密机械热动态误差模糊神经网络建模研究［J］.浙江大学学报(工学版),2004(06):91-95.

［133］阳红,方辉,刘立新,等.基于热误差神经网络预测模型的机床重点热刚度辨识方法研究［J］.机械工程学报,2011,47(11):117-124.

［134］王洪乐,王家序,周青华,等.基于 BP 神经网络的数控机床综合误差补偿方法［J］.西安交通大学学报,2017,51(6):138-146.

［135］吕程,刘子云,刘子建,等.广义径向基函数神经网络在热误差建模中的应用［J］.光学精密工程,2015,23(06):1705-1713.

［136］张捷,李岳,王书亭,等.基于遗传 RBF 神经网络的高速电主轴热误差建模［J］.华中科技大学学报(自然科学版),2018,46(07):73-77.

［137］余文利,姚鑫骅,孙磊,等.基于 PLS 和改进 CVR 的数控机床热误差建模［J］.农业机械学报,2015,46(2):357-364.

［138］李彬,张云,王立平,等.基于遗传算法优化小波神经网络数控机床热误差建模［J］.机械工程学报,2019,55(21):215-220.

［139］李阳.数控机床直线轴热误差测量与分析方法研究［D］.长春:吉林大学,2018.

［140］VAPNIK V. The nature of statistical learning theory［M］. London：Springer, 1995.

［141］XU L, WENCONG L, SHENGLI J, et al. Support vector regression applied to materials optimization of sialon ceramics［J］. Chemometrics and Intelligent Laboratory Systems, 2006,82(1-2):8-14.

［142］YANG S, WENCONG L U, Chen N, et al. Support vector regression based QSPR for the prediction of some physicochemical properties of alkyl benzenes［J］. Journal of Molecular Structure Theochem, 2005,719(1):119-127.

［143］ZHANG M, LI Z, LI W. Study on least squares support vector machines algorithm and its application［C］//International Conference on Tools with Artificial Intelligence, 2005：686-688.

［144］SUYKENS J A K, VANDEWALLE J. Least squares support vector machine classifiers［J］. Neural Processing Letters, 1999,9(3):293-300.

［145］SUYKENS J A K. Least squares support vector machines［J］. International Journal of Circuit Theory & Applications, 2002,27(3):605-615.

［146］ZHAO C L, WANG Y Q, GUAN X S. The thermal error prediction of NC machine tool based on LS-SVM and grey theory［J］. Applied Mechanics and Materials, 2009,16-19：410-414.

［147］JIN C, WU B, HU Y, et al. Identification of thermal error in a feed system based on multi-class LS-SVM［J］. Frontiers of Mechanical Engineering, 2012,7(1):47-54.

［148］WEI X, MIAO E, LIU H, et al. Two-dimensional thermal error compensation modeling for worktable of CNC machine tools［J］. The International Journal of Advanced Manufacturing Technology, 2019,101(1-4):501-509.

［149］YAO X, HU T, YIN G, et al. Thermal error modeling and prediction analysis based on OM algorithm for machine tool's spindle[J]. The International Journal of Advanced Manufacturing Technology, 2020,106(7-8):3345-3356.

[150]ZHANG C, GAO F, CHE Y, et al. Thermal error modeling of multisource information fusion in machine tools[J]. The International Journal of Advanced Manufacturing Technology, 2015,80(5-8):791-799.

[151]朱星星,赵亮,雷默涵,等. 精密进给系统热误差的协同训练支持向量机回归建模与补偿方法[J]. 西安交通大学学报, 2019,53(10):40-47.

[152]HONNUNGAR S S, PRABHU RAJA V, THYLA P R, et al. Indian and international scenario on research in thermal error minimization in CNC machine tool[J]. Applied Mechanics and Materials, 2011,110-116:1799-1807.

[153]佐田登志夫. 机床结构的刚度分析系统—热刚度分析[J]. 装备机械, 1979(02):18-25.

[154]KIM J, NAKAYAMA W, ITO Y, et al. Estimation of thermal parameters of the enclosed electronic package system by using dynamic thermal response[J]. Mechatronics, 2009,19(6):1034-1040.

[155]WEN L, GAO W, LV Z, et al. Influence of external heat sources on volumetric thermal errors of precision machine tools[J]. The International Journal of Advanced Manufacturing Technology, 2018,99(1-4):475-495.

[156]李天箭.超精密机床多尺度集成设计方法研究[D].哈尔滨:哈尔滨工业大学,2013.

[157]许华威.超精密外圆磨床床身用人造花岗岩材料试验研究[D].郑州:中原工学院,2017.

[158]UHLMANN E, MARCKS P. Compensation of thermal deformations at machine tools using adaptronic CRP-structures[M]. London:Springer, 2008:183-186.

[159]GE Z, DING X. Design of thermal error control system for high-speed motorized spindle based on thermal contraction of CFRP[J]. International Journal of Machine Tools and Manufacture, 2018,125:99-111.

[160]居冰峰,傅建中,李志锋,等. 相变材料复合恒温构件平面磨床热变形控制技术的研究[J]. 机床与液压, 1999(3):3-5.

[161]居冰峰,傅建中,陈子辰. 相变材料复合恒温构件在MK7163平面磨床热变形控制中的应用[J]. 精密制造与自动化, 1999(1):57-61.

[162]MORI K, BERGMANN B, KONO D, et al. Energy efficiency improvement of machine tool spindle cooling system with on-off control[J]. CIRP Journal of Manufacturing Science and Technology, 2019,25:14-21.

[163]LEI M, JIANG G, ZHAO L, et al. Thermal error controlling for the spindle in a precision boring machine with external cooling across coated joints[J]. Proceedings of the Institution of Mechanical Engineers, Part C:Journal of Mechanical Engineering Science, 2020,234(2):658-675.

[164]马丙辉.基于热管传热的液体静压电主轴热态性能及相关技术研究[D].哈尔滨:哈尔滨工业大学,2008.

[165] 毕丽娜. 机床电主轴热管性能及其实验研究[D]. 哈尔滨: 哈尔滨工业大学, 2008.

[166] 李洪, 乔中复, 郎遂, 等. 精密机床主轴热管冷却系统的研究[J]. 东北工学院学报, 1986(01): 38-43.

[167] 邓君, 许光辉. 基于高速机床的电主轴热管冷却[J]. 现代制造技术与装备, 2010 (03): 62-63.

[168] 夏晨晖. 数控机床主轴温升特性快速辨识方法及新型温控结构的研究[D]. 杭州: 浙江大学, 2015.

[169] DONMEZ M A, HAHN M H, SOONS J A. A novel cooling system to reduce thermally-induced errors of machine tools[J]. CIRP Annals, 2007, 56(1): 521-524.

[170] LI B, CAO H, YANG X, et al. Thermal energy balance control model of motorized spindle system enabling high-speed dry hobbing process[J]. Journal of Manufacturing Processes, 2018(35): 29-39.

[171] 傅建中, 姚鑫骅, 贺永, 等. 数控机床热误差补偿技术的发展状况[J]. 航空制造技术, 2010(04): 64-66.

[172] 任永强, 杨建国, 罗磊, 等. 基于外部机床坐标系偏移的热误差实时补偿[J]. 中国机械工程, 2003(14): 79-81.

[173] 盛伯浩, 唐华. 数控机床误差的综合动态补偿技术[J]. 制造技术与机床, 1997(06): 19-21.

[174] YANG S, YUAN J, NI J. Accuracy enhancement of a horizontal machining center by real-time error compensation[J]. Journal of Manufacturing Systems, 1996, 15(2): 113-124.

[175] YANG J G, YUAN J X, NI J. Thermal error mode analysis and robust modeling for error compensation on a CNC turning center[J]. International Journal of Machine Tools and Manufacture, 1999, 39(9): 1367-1381.

[176] KIM K D, KIM M S, CHUNG S C. Real-time compensatory control of thermal errors for high-speed machine tools[J]. Proceedings of the Institution of Mechanical Engineers, Part B: Journal of Engineering Manufacture, 2004, 218(8): 913-924.

[177] 高玉平. 数控机床热误差的反馈截断式补偿研究[D]. 大连: 大连理工大学, 2009.

[178] CHEN J S, LING C C. Improving the machine accuracy through machine tool metrology and error correction[J]. The International Journal of Advanced Manufacturing Technology, 1996, 11(3): 198-205.

[179] WANG W, ZHANG Y, YANG J G. Modeling of compound errors for CNC Machine Tools [J]. Advanced Materials Research, 2012, 472-475: 1796-1799.

[180] LI T, LI F, JIANG Y, et al. Thermal error modeling and compensation of a heavy gantry-type machine tool and its verification in machining[J]. The International Journal of Advanced Manufacturing Technology, 2017, 92(9-12): 3073-3092.

[181] 杨建国, 张宏韬, 童恒超, 等. 数控机床热误差实时补偿应用[J]. 上海交通大学学报, 2005, 39(9).

[182] 姜辉, 孙翰英, 范嘉桢, 等. 基于 FANUC 0i 系统外部坐标原点偏移功能的数控机床误

差补偿研究[J]. 机械制造, 2009,47(7):73-76.

[183]张宏韬.双转台五轴数控机床误差的动态实时补偿研究[D].上海:上海交通大学,2011.

[184]SHEN H, FU J, HE Y, et al. On-line Asynchronous compensation methods for static/quasi-static error implemented on CNC machine tools[J]. International Journal of Machine Tools and Manufacture, 2012(60):14-26.

[185]CUI G, LU Y, GAO D, et al. A novel error compensation implementing strategy and realizing on Siemens 840D CNC systems [J]. The International Journal of Advanced Manufacturing Technology, 2012,61(5-8):595-608.

[186]LIU J, MA C, WANG S. Precision loss modeling method of ball screw pair[J]. Mechanical Systems and Signal Processing, 2020,135:106397.

[187]高卫国, 王伟松, 张大卫,等. 考虑结构热变形的机床进给系统热误差研究[J]. 工程设计学报, 2019,26(01):29-38.

[188]LI X, LV Y, YAN K, et al. Study on the influence of thermal characteristics of rolling bearings and spindle resulted in condition of improper assembly [J]. Applied Thermal Engineering, 2017,114:221-233.

[189]WEI X , GAO F , ZHANG J, et al. Thermal error compensation of CNC machine based on data-driven [C]//IEEE International Conference on Cloud Computing & Big Data Analysis, 2016:421-424.

[190]LEI M, YANG J, WANG S, et al. Semi-supervised modeling and compensation for the thermal error of precision feed axes [J]. The International Journal of Advanced Manufacturing Technology, 2019,104(9-12):4629-4640.

[191]凡志磊, 杨建国, 李中华. 一种数控机床几何误差多项式模型的阶数选择方法[J]. 机床与液压, 2009,37(10):49-50.

[192]WANG Z, HORI Y, SAKURAI K, et al. Application and evaluation of bayesian filter for chinese spam[C]//Information Security and Cryptology, 2006: 253-263.

[193]程环环.基于贝叶斯网络的图像内容表述与分类[D].长沙:国防科学技术大学,2011.

[194]董立岩, 苑森淼, 刘光远,等. 基于贝叶斯分类器的图像分类[J]. 吉林大学学报(理学版), 2007,45(2):249-253.

[195]韩璞, 张德利, 韩晓娟,等. 基于主成分分析法与贝叶斯网络的汽轮机故障诊断方法[J]. 热能动力工程, 2008,23(3):244-247.

[196]MURALIDHARAN V, SUGUMARAN V. A comparative study of Naïve Bayes classifier and Bayes net classifier for fault diagnosis of monoblock centrifugal pump using wavelet analysis [J]. Applied Soft Computing, 2012,12(8):2023-2029.

[197]魏弦, 吴继忠, 王允威. 数控机床进给系统误差综合补偿[J]. 现代制造工程, 2016 (10):1-5.

[198]HARRIS T A. Rolling bearing analysis[M]. New York:John Wiley and Sons, 2001.

[199]XIANG S, ZHU X, YANG J. Modeling for spindle thermal error in machine tools based on

mechanism analysis and thermal basic characteristics tests[J]. Proceedings of the Institution of Mechanical Engineers, Part C: Journal of Mechanical Engineering Science, 2014,228 (18):3381-3394.

[200]项四通, 杨建国, 张毅. 基于机理分析和热特性基本单元试验的机床主轴热误差建模[J]. 机械工程学报, 2014(11):144-152.

[201]侯忠生. 再论无模型自适应控制[J]. 系统科学与数学, 2014,34(10):1182-1191.

[202]侯忠生, 许建新. 数据驱动控制理论及方法的回顾和展望[J]. 自动化学报, 2009 (06):650-667.

[203]侯忠生.非参数模型及其自适应控制理论[M].北京:科学出版社,1999.

[204]YANG J, SHI H, FENG B, et al. Thermal error modeling and compensation for a high-speed motorized spindle [J]. The International Journal of Advanced Manufacturing Technology, 2015,77(5-8):1005-1017.

[205]刘朝华, 戴怡, 石秀敏, 等. 西门子840D数控系统温度误差补偿的研究与应用[J]. 机床与液压, 2009,37(09):12,13.